CAD/CAM/CAE 工程应用丛书

Mastercam X9 三维造型与数控加工

钟日铭　王　伟　等编著

机械工业出版社

Mastercam 是一款集 CAD/CAM 功能为一体的经济而高效的应用软件，它广泛应用在机械、汽车、航空航天、造船、模具、电子和家用电器等领域。本书以练习实例和应用范例为主，以 Mastercam X9 为操作版本，详细介绍了 Mastercam 在三维造型与数控加工方面的典型应用。本书结构严谨、内容丰富、条理清晰、实例典型，所选的每个范例中都注重实际应用和技巧性，是一本很好的 Mastercam 应用指导教程和参考手册。

本书特别适合具备一定 Mastercam 应用基础的读者学习使用，也可以作为从事产品设计、模具设计和数控加工的工程技术人员的参考资料。另外，本书也特别适合作为各职业培训机构、大中专院校相关专业 CAD/CAM 课程的应用实例培训教材。

图书在版编目（CIP）数据

Mastercam X9 三维造型与数控加工 / 钟日铭等编著. —北京：机械工业出版社，2016.4（2025.1 重印）
（CAD/CAM/CAE 工程应用丛书）
ISBN 978-7-111-53686-4

Ⅰ. ①M… Ⅱ. ①钟… Ⅲ. ①数控机床-加工-计算机辅助设计-应用软件 Ⅳ. ①TG659-39

中国版本图书馆 CIP 数据核字（2016）第 095595 号

机械工业出版社（北京市百万庄大街 22 号　邮政编码 100037）
策划编辑：张淑谦　　责任编辑：张淑谦
责任校对：张艳霞　　责任印制：单爱军
北京虎彩文化传播有限公司印刷

2025 年 1 月第 1 版·第 13 次印刷
184mm×260mm·30.25 印张·746 千字
标准书号：ISBN 978-7-111-53686-4
定价：99.00 元

电话服务　　　　　　　　　　网络服务
客服电话：010-88361066　　机　工　官　网：www.cmpbook.com
　　　　　010-88379833　　机　工　官　博：weibo.com/cmp1952
　　　　　010-68326294　　金　书　网：www.golden-book.com
封底无防伪标均为盗版　　机工教育服务网：www.cmpedu.com

前　言

Mastercam 是一款成功的计算机辅助制造软件，它有效地将 CAD 和 CAM 等功能整合在一起，广泛应用于机械、汽车、航空、造船、模具、电子和家用电器等领域，在模具行业更具有声誉。另外，在教育领域，全世界许多相关院校都使用 Mastercam 软件进行机械制造及NC 程序制作教学。

本书以练习实例和应用范例为主，以 Mastercam X9 版本为操作蓝本，详细介绍了Mastercam 在三维造型与数控加工方面的典型应用。本书结构严谨、内容丰富、条理清晰、实例典型，在每个实例中都注重实际应用和技巧性，是一本很好的 Mastercam 应用指导教程和参考手册。本书特别适合具备一定 Mastercam 应用基础的读者学习使用，可以作为从事产品设计、模具设计和数控加工的工程技术人员的参考用书。另外，本书也特别适合作为各职业培训机构、大中专院校相关专业 CAD/CAM 课程的应用培训教材。

1. 本书内容及知识结构

本书共分 3 篇，第 1 篇为 Mastercam 二维绘图，第 2 篇为 Mastercam 三维造型，第 3 篇为 Mastercam 数控加工。其中，第 1 篇是 Mastercam 三维造型和数控加工的基础，只包含第1 章，第 2 篇包含第 2 章和第 3 章，第 3 篇则包含第 4～10 章。各章的主要内容简述如下。

第 1 章　首先介绍二维图形绘制与编辑涉及的主要知识点，然后分别介绍二维图形绘制范例和典型零件图绘制范例。

第 2 章　首先介绍曲面设计的主要知识点，如曲面的创建方法、曲面编辑和空间曲线应用等；接着介绍若干简单曲面的绘制实例，包括五角星曲面、扭杆曲面和药壶曲面造型；然后介绍若干复杂曲面的绘制实例，包括特殊鼠标曲面、叶片曲面、玩具车轮曲面、纯净水瓶子整体曲面和烟灰缸曲面造型。

第 3 章　首先介绍三维实体设计的主要知识，如创建基本实体/基础实体、实体布尔运算和实体编辑等，然后通过范例的形式介绍三维实体设计的应用知识。

第 4 章　主要通过范例的形式来介绍 Mastercam X9 系统中的二维加工功能，主要包括外形铣削加工范例、平面铣削加工范例、挖槽铣削加工范例、钻孔铣削加工范例、全圆路径加工范例和雕刻加工范例等。

第 5 章　介绍线架加工的几个典型范例。

第 6 章　首先列出曲面铣削刀具路径的主要知识点，然后通过综合范例的形式来介绍曲面粗加工和曲面精加工方面的应用知识及实战技巧。

第 7 章　首先对多轴加工的主要知识进行简单介绍，接着通过范例的形式分别介绍旋转四轴加工、曲线五轴加工、钻孔五轴加工、沿面五轴加工、多曲面五轴加工和沿边五轴加工。

第 8 章　首先简单介绍了车削加工知识，然后通过 3 个典型的综合范例来介绍相关车削加工的应用，这些范例兼顾了车削基础知识、应用知识和操作技巧等。

第9章　主要通过范例的形式来介绍外形线切割加工、无屑线切割加工和四轴线切割加工。

第10章　通过典型范例的形式介绍 FBM 铣削（基于特征铣削）和 FBM 钻孔（基于特征钻孔）的应用方法及技巧等。

2．本书特点及阅读注意事项

本书以范例解析为主要特点，让读者通过范例操作来深入学习 Mastercam 三维造型与数控加工方面的实用知识。

在阅读本书时，配合书中实例进行上机操作，学习效果更佳。

3．附赠资源使用说明

书中配套的素材源文件与 MCX 或 MCX-9 参考文件均放在网盘资源根目录下的 CH#文件夹（#代表章号）里。读者只需关注"机械工业出版社计算机分社"官方微信订阅号（详见封底），即可获得本书配套资源，包含全部案例素材文件和操作教学视频。

如果要使用这些素材源文件与 MCX、MCX-9 参考文件，需要在计算机系统中安装 Mastercam X9 软件或更高版本的 Mastercam 兼容软件；视频教学文件放在"操作视频"文件夹中。视频教学文件采用 avi 格式，可以在大多数播放器中播放，例如 Windows Media Player、暴风影音等。

4．技术支持及答疑等

如果读者在阅读本书时遇到什么问题，可以通过 E-mail 的方式与作者联系，作者的电子邮箱为 sunsheep79@163.com。欢迎读者在设计梦网（www.dreamcax.com）注册会员，通过技术论坛获取技术支持及答疑沟通。

本书主要由钟日铭和东南大学成贤学院的王伟老师编写，参与编写的还有肖秋连、钟观龙、庞祖英、钟日梅、钟春雄、刘晓云、陈忠钰、周兴超、陈日仙、黄观秀、钟寿瑞、沈婷、钟周寿、曾婷婷、邹思文、肖钦、赵玉华、钟春桃、劳国红、肖宝玉、肖世鹏和肖秋引。

书中如有疏漏之处，请广大读者不吝赐教。

天道酬勤，熟能生巧，以此与读者共勉。

目　　录

第1篇

Mastercam 二维绘图

　　Mastercam 是一款 CAD/CAM 通用软件，主要用于机械、电子、家电、汽车、航天航空、玩具和模具等行业。Mastercam X9 是目前较新的版本，使用该软件可以轻松而快捷地创建各种二维和三维图形。另外，该软件提供了丰富的数控加工方式以及相对完整的刀具库、材料库和加工参数资料库，读者可以根据曲面和实体加工要求来创建可靠而精确的刀具路径。

　　要掌握 Mastercam X9 三维造型和数控加工应用技能，除了要掌握相关的专业理论知识之外，还必须要熟练掌握 Mastercam X9 二维绘图的相关知识。因此，本书的第一部分专门介绍 Mastercam X9 二维绘图方面的知识，让读者通过典型的范例深入学习 Mastercam X9 二维绘图的具体方法和技巧等。

第1章 Mastercam X9 二维图形绘制与编辑

本章导读:

本章介绍 Mastercam X9 二维图形绘制与编辑方面的实用知识。首先介绍本章范例所应用的主要知识点,然后分别介绍二维图形绘制范例和典型零件图绘制范例。

1.1 知识点概述

本章的相关知识主要包括基本二维绘图工具应用、基本图形编辑、图形转换、图形标注和图案填充等,另外还需要注意相关图素属性的定义。

1.1.1 基本二维绘图工具

Mastercam X9 提供了实用而强大的二维图形绘制工具,包括绘制点、直线、圆弧(包含圆)、倒角、圆角、曲线、矩形、多边形、椭圆、螺旋线、文字、边界盒、释放槽、楼梯状图形和门状图形等。绘制基本二维图形的命令主要集中在"绘图"菜单中,一些常用基本二维图形绘制命令的映射工具按钮则集中在"绘图"(Sketcher)工具栏中。读者既可以从"绘图"菜单中选择所需的绘制命令,也可以在"绘图"工具栏中单击相应的绘制工具图标按钮(如果有的话),执行这两种方式进行绘图的实际工作含义是一致的。在"绘图"工具栏中,如果单击某绘图工具图标按钮右侧的 ▾(下拉三角形)按钮,则会打开相应的下拉式按钮列表,如图 1-1 所示,接着可以从该按钮列表中选择所需的绘图按钮来执行相应的绘制操作。

图 1-1 在"绘图"工具栏中打开某下拉式按钮列表

为了使读者对 Mastercam X9 提供的基本二维绘图工具有个全面的了解，本书特意用表 1-1 的形式分类一一列举这些基本二维绘图工具，以便于读者查阅。

表 1-1 Mastercam X9 基本二维绘图工具

类　别	菜单命令	按钮	功能含义/备注
绘点	"绘图"|"绘点"|"绘点"		在某一个指定位置处创建点，该位置处可以是端点、中点、交点、圆心点和最近点等
	"绘图"|"绘点"|"动态绘点"		在某一已知图素（如直线、圆弧等）或实体面上绘制动态点或偏距动态点
	"绘图"|"绘点"|"曲线节点"		将控制曲线形状的节点绘制出来
	"绘图"|"绘点"|"等分点"		在指定的一图素上，通过设置距离值或等分点个数来绘制一系列的点
	"绘图"|"绘点"|"端点"		在当前绘图区中绘制图形的端点
	"绘图"|"绘点"|"小圆心点"		绘制所选圆/圆弧的圆心点
	"绘图"|"绘点"|"穿线点"		指定位置创建螺旋点
	"绘图"|"绘点"|"切点"		指定位置创建切点
直线	"绘图"|"绘线"|"任意线"		主要通过定义直线的起点和终点来创建直线，绘制任意的方法包括输入直线段长度和角度法、输入坐标法和修改坐标法，可以绘制单一直线段、连续线、水平线、垂直线或切线
	"绘图"|"绘线"|"近距线"		绘制两图素间的近距线（两个图素之间的最近距离连线），选取的第一个图素可以是直线、曲线、圆弧、样条曲线，选取的第二个图素可以是点、直线、曲线、圆弧、样条曲线等
	"绘图"|"绘线"|"分角线"		可绘制两条非平行直线间的角平分线，或者在两平行直线中间生成一条平行线
	"绘图"|"绘线"|"垂直正交线"		绘制一条与已知线条（包括直线、圆弧、圆、曲线）垂直正交的线，也就是通常所说的法线
	"绘图"|"绘线"|"平行线"		在已有直线的基础上，绘制一条与之平行的直线
	"绘图"|"绘线"|"切线通过点相切"		绘制通过点与图素相切的切线
圆弧	"绘图"|"绘弧"|"三点画圆"		通过选取或指定圆周上的三个点绘制一个圆
	"绘图"|"绘弧"|"已知圆心点画圆"		通过圆心点和半径绘制一个圆，还可以绘制与直线或圆弧相切的圆
	"绘图"|"绘弧"|"极坐标圆弧"		通过指定圆心点位置、半径（或直径）、圆弧的起始角度、终止角度来绘制一个圆弧
	"绘图"|"绘弧"|"极坐标画弧"		通过指定圆弧的起始点/终止点、半径、起始角度和终止角度来绘制一个圆弧，其中只需指定圆弧的起始点和终止点两者之一
	"绘图"|"绘弧"|"两点画弧"		首先确定圆弧的端点，再指定半径/直径来绘制圆弧，也可以创建与直线或圆弧/圆相切的圆弧
	"绘图"|"绘弧"|"三点画弧"		通过指定不在同一条直线上的 3 个点来创建圆弧，其中指定的第 1 点和第 3 点将作为圆弧的端点
	"绘图"|"绘弧"|"切弧"		创建相切于一条或多条直线、圆弧或样条曲线等图素的圆/圆弧，其命令的使用非常灵活
曲线	"绘图"|"曲线"|"手动画曲线"		绘制曲线时按照系统提示逐个输入点来生成一条样条曲线
	"绘图"|"曲线"|"自动生成曲线"		利用已有的 3 个点来自动生成样条曲线
	"绘图"|"曲线"|"转成单一曲线"		将一系列首尾相连的图素（如圆弧、直线和曲线等）转换为所设置的单一样条曲线
	"绘图"|"曲线"|"熔接曲线"		创建一条与指定两曲线在选择位置处光滑相切的样条曲线

（续）

类　　别	菜单命令	按钮	功能含义/备注
矩形	"绘图"｜"矩形"	▭	用于绘制矩形
特殊矩形	"绘图"｜"矩形设置"	▢	绘制一般矩形、矩形变形后的特定图形
正多边形	"绘图"｜"多边形"	⬠	指定正多边形的中心、边数及相应圆半径/直径来绘制正多边形
椭圆	"绘图"｜"椭圆"	○	通过定义基准点位置、X 轴半径和 Y 轴半径等来创建椭圆、椭圆弧或椭圆面
螺旋线（间距）	"绘图"｜"螺旋线（间距）"	◎	绘制一般螺旋线（间距），如果设置螺旋线的高度值等于零，那么创建的螺旋线为平面螺旋线；如果设置螺旋线的高度大于零，那么创建的螺旋线为空间螺旋线
螺旋线（锥度）	"绘图"｜"螺旋线（锥度）"	▨	通过指定螺旋线的半径、螺距和旋转圈数等参数绘制一条绕中心轴往上旋转的螺旋曲线
文字	"绘图"｜"文字"	A	绘制图形文字
边界盒	"绘图"｜"边界盒"	▧	根据图形尺寸及其扩展量来绘制将选定图素包含在内的边界图形，它可以是长方体也可以是圆柱体
楼梯状图形	"绘图"｜"楼梯状图形"	▧	通过指定相关参数绘制类似于台阶类的线框图形
门状图形	"绘图"｜"门状图形"	▢	通过指定相关参数绘制一些特定的门状图形
圆周点/小圆	"绘图"｜"圆周点/小圆"	▨	在设定的圆周上创建均布的若干个圆周点或圆孔
释放槽	"绘图"｜"释放槽"	▧	绘制释放槽（压力平衡槽），需要定义图形型式、方向、尺寸等
车削轮廓	"绘图"｜"车削轮廓"	▤	选择命令后，根据提示进行操作来创建车削轮廓
2D 轮廓	"绘图"｜"轮廓边界"	▣	由三维实体产生二维轮廓
倒圆角	"绘图"｜"圆角"｜"倒圆角"	⌐	绘制单个圆角
	"绘图"｜"圆角"｜"串连圆角"	◿	绘制串连圆角
倒角	"绘图"｜"倒角"｜"倒角"	⌐	绘制单个倒角
	"绘图"｜"倒角"｜"串连倒角"	◿	绘制串连倒角

1.1.2　基本图形编辑

　　绘制好若干基本二维图形后，可以对这些基本图形进行相关的编辑操作，包括剪切、复制、粘贴、删除、修剪/打断、连接图形、更改曲线、曲线变弧和转成 NURBS 等。基本图形编辑的命令主要位于"编辑"菜单中，如图 1-2 所示。其中，与删除编辑操作相关的命令包括"删除图形""删除重复图形""删除重复图形：高级选项""恢复删除""恢复删除指定数量的图形"和"恢复删除限定的图形"；"修剪/打断"的子功能命令包括"修剪/打断/延伸""多物修整""两点打断""在交点处打断""打成若干段""将尺寸标注转换成图形""全圆打断"和"恢复全圆"。

1.1.3　图形转换

　　在 Mastercam X9 系统中，图素转换是指改变选择图素的位置、方向、大小等，并可以根据情况对改变的图形（图素）进行保留、删除等操作。转换图形的命令位于菜单栏的"转换"菜单中，如图 1-3 所示。在实际制图中，要根据设计要求来设定相关图素的转换结果形式，如将转换结果形式设置为"移动""复制"或"连接"。

图1-2　"编辑"菜单　　　　　　　　　图1-3　"转换"菜单

1.1.4　图形标注

在工程制图中，绘制好所需的视图图样后，为了完整地表达图样信息，通常要对所绘制的图样进行标注。图形标注也是本章零件图绘制实例所应用到的知识之一。图形标注包括重建标注、标注尺寸、多重编辑、延伸线、引导线、注释文字、剖面线和快速标注等。其中标注尺寸知识又包括水平标注、垂直标注、平行标注、基准标注、串连标注、角度标注、圆弧标注、正交标注、相切标注、纵坐标标注和点位标注。

在 Mastercam X9 系统中，图形标注的命令位于"绘图"｜"尺寸标注"级联菜单中，如图1-4所示。

图1-4　"绘图"｜"尺寸标注"级联菜单

在进行尺寸标注之前，可以根据设计环境要求来设置所需的尺寸标注样式。其设置方法简述如下。

（1）在菜单栏的"绘图"｜"尺寸标注"级联菜单中选择"选项"命令，或者按〈Alt+D〉快捷键，系统弹出图 1-5 所示的"自定义选项"对话框。

图 1-5　"自定义选项"对话框

（2）在"自定义选项"对话框的左侧列表中选择所需的标注项，接着在右侧区域设置相关的选项和参数。可以设置的标注项主要有"尺寸属性""尺寸文字""尺寸标注""注释文字"和"引导线/延伸线"。

（3）设置好相关的标注样式后，在"自定义选项"对话框中单击 ✓ （确定）按钮。

1.1.5　图案填充

有时候需要在图形的某个区域中进行图案填充，即在图形的某个区域中绘制一些图案，从而更加清晰地表达该区域的特点。在机械工程中，图案填充常用于表达一个剖切的区域，且不同的图案填充表达不同的零部件或材料。

在"绘图"菜单中选择"尺寸标注"｜"剖面线"命令，系统弹出图 1-6 所示的"剖面线"对话框，利用该对话框选择现有图案并设置其间距和角度参数，也可以自定义填充图案。下面介绍"剖面线"对话框中各主要选项的功能含义。

1. "图案"选项组

"图案"选项组用于设置填充图案的样式。可以在该选项组的图案列表（也称图样列表）中选择其中一种图案标准样式，系统会在图案列表的右侧区域显示所选图案标准样式的预览效果。图案列表提供的可选图案标准样式包括"铁""钢""黄铜""橡胶""火砖""大理石""镁"和"铝"等。

如果在该选项组中单击"用户定义剖面线图样"按钮，则系统弹出图 1-7 所示的"自定义剖面线图样"对话框，从中可以自定义新剖面线图样。

图 1-6　"剖面线"对话框

图 1-7　"自定义剖面线图样"对话框

2."参数"选项组

"参数"选项组中有"间距"文本框和"角度"文本框。"间距"文本框用来设置填充图案线相邻之间的间距，在"间距"文本框中输入相应的间距值即可；"角度"文本框用来设置填充图案线与 X 轴之间的夹角（倾角），要改变填充图案线的倾角，在"角度"文本框中输入所需的角度值即可。

1.2　绘制二维图形范例

本节介绍的简单二维图形范例包括绘制平板平面图、绘制型材截面图、绘制平面商标图、绘制门型图形、绘制平面螺旋线、绘制虎头钩平面图和花键零件截面图。

1.2.1　绘制平板平面图

本范例要绘制的平板平面图如图 1-8 所示。具体的操作步骤如下。

图 1-8　绘制平板平面图

（1）新建一个图形文件。

在工具栏中单击 ▯ （新建）按钮，或者从菜单栏的"文件"菜单中选择"新建"命令，新建一个 Mastercam X9 文件。

（2）相关属性状态设置。

默认的绘图面为俯视图，构图深度 Z 值为 0，图形"层别"（即图层号）为 1，接着在"属性"状态栏的线型列表框 ▭▭ 中选择"中心线"线型 —— - —，确保线宽为细线，并设置线框颜色为红色，如图 1-9 所示。

图 1-9　在属性状态栏中的设置

（3）绘制中心线。

在"绘图"工具栏中单击 ✎ （任意线）按钮，绘制图 1-10 所示的两条中心线，注意各中心线的端点坐标。在指定端点坐标时，可以借助 ✦ （快速绘点）按钮的快速应用。

图 1-10　绘制中心线

（4）为将要绘制的图形设置属性状态。

在属性状态栏的线型列表框 ▭▭ 中选择"实线"线型 ———，在线宽列表框中选择粗一号的线宽，并将线框颜色设置为黑色。

（5）绘制矩形。

在"绘图"菜单中选择"矩形"命令，或者在"绘图"工具栏中单击 ▯ （矩形）按钮，打开"矩形"操作栏。

在"矩形"操作栏中单击选中 ⊞ （设置基准点为中心点）按钮。接着在"自动抓点"工具栏中单击 ✦ （快速绘点）按钮，并在出现的文本框中输入"0,0"，如图 1-11 所示，然后按〈Enter〉键确定，从而将该点（0,0）作为矩形的中心。

图 1-11　"自动抓点"工具栏

在"矩形"操作栏的 文本框中输入 150 并按〈Enter〉键确定，在 文本框中输入 100 并按〈Enter〉键确定，如图 1-12 所示。

图 1-12 "矩形"操作栏

在"矩形"操作栏中单击 ✔（确定）按钮，完成绘制的矩形如图 1-13 所示。

图 1-13 绘制的矩形

（6）绘制圆。

在菜单栏的"绘图"│"绘弧"级联菜单中选择"已知圆心点画圆"命令，或者在"绘图"工具栏中单击 ⊕（已知圆心点画圆）按钮，打开"编辑圆心点"操作栏。

利用"自动抓点"工具栏的坐标输入框输入圆心点坐标为（10,10）。在"编辑圆心点"操作栏中选择 ◎（半径）按钮，在其文本框中输入 15，按〈Enter〉键。

在"编辑圆心点"操作栏中单击 ✔（确定）按钮，绘制的该圆如图 1-14 所示。

（7）使用"两点画弧"法绘制相切的圆弧。

在菜单栏的"绘图"│"绘弧"级联菜单中选择"两点画弧"命令，或者在"绘图"工具栏中单击 ⌐（两点画弧）按钮，打开"两点画弧"操作栏。

在"两点画弧"操作栏中单击 ✔（相切）按钮以选中该复选按钮。利用"自动抓点"工具栏的坐标输入框分别指定第一点为（0,-30,0）和第二点为（25,10,0），接着在提示下拾取要与之相切的圆，如图 1-15 所示，单击 ✔（确定）按钮。

图 1-14 绘制一个圆

图 1-15 使用"两点画弧"法绘制相切圆弧

（8）修剪图形。

在菜单栏的"编辑"│"修剪/打断"级联菜单中选择"修剪/打断/延伸"命令，打开

"修剪/延伸/打断"操作栏。确保操作栏中的 （修剪）按钮处于被选中的状态，并单击 （分割物体）按钮，如图1-16所示。

图1-16 "修剪/延伸/打断"操作栏

系统提示"选择曲线或圆弧去分割/删除"。使用鼠标分别单击要修剪掉的圆弧段，结果如图1-17所示，单击 （确定）按钮。

（9）图形镜像。

在菜单栏的"转换"菜单中选择"镜像"命令，或者在"转换"工具栏中单击 （镜像）按钮，系统提示"镜像：选择要镜像的图形"，在该提示下使用鼠标分别单击的方式选择图1-18所示的两段相互相切的圆弧，按〈Enter〉键确认。

图1-17 修剪掉的圆弧段

图1-18 选取图形去镜像

系统弹出"镜像"对话框，选择"复制"单选按钮，接着在"轴"选项组中单击 （选择线）按钮，如图1-19a所示。选择竖直的中心线作为镜像参考中心轴，然后在"镜像"对话框中单击 （确定）按钮，镜像结果如图1-19b所示。

a)

b)

图1-19 图形之镜像复制操作

a)"镜像"对话框 b)镜像结果

（10）绘制两个圆。

在菜单栏的"绘图"｜"绘弧"级联菜单中选择"已知圆心点画圆"命令，或者在"绘图"工具栏中单击⊕（已知圆心点画圆）按钮，打开"编辑圆心点"操作栏。设置半径为15，分别指定圆心点来完成图1-20所示的同半径的两个圆。

（11）修剪图形。

在菜单栏的"编辑"｜"修剪/打断"级联菜单中选择"修剪/打断/延伸"命令，打开"修剪/延伸/打断"操作栏。确保操作栏中的▥（修剪）按钮处于被选中的状态，并单击╫（分割物体）按钮以选中该按钮，接着分别单击要删除掉的图形部分，最后得到图1-21所示的图形效果。

图1-20　绘制半径相等的两个圆　　　　　　　图1-21　修剪结果

（12）绘点。

在"绘图"工具栏中单击＋（绘点）按钮，接着利用"自动抓点"工具栏中的⚡（快速绘点）按钮功能来分别定位这些点：P1（-50,35）、P2（50,35）、P3（-45,-30）和 P4（45,-30），如图1-22所示。

（13）绘制 4 个小圆。

在菜单栏的"绘图"｜"绘弧"级联菜单中选择"已知圆心点画图"命令，或者在"绘图"工具栏中单击⊕（已知圆心点画圆）按钮，打开"编辑圆心点"操作栏。

分别绘制图1-23所示的 4 个小圆。其中以 P1 点为圆心的圆和以 P2 点为圆心的圆，其直径均为12，其他两个圆的直径则均为16。

图1-22　绘制 4 个点　　　　　　　　　　图1-23　绘制 4 个小圆

（14）清除屏幕颜色。

在"屏幕"菜单栏中选择"清除颜色"命令。

（15）图形标注的准备工作。

在属性状态栏的线型列表框中选择"实线"线型 ━━━━ ，将线宽设置为标准细线，并设置线框颜色为红色，如图 1-24 所示。

图 1-24　设置图素属性

在"绘图"菜单中选择"尺寸标注"|"选项"命令，打开"自定义选项"对话框，分别对标注的"尺寸文字"和"引导线/延伸线"等进行设置，如图 1-25 和图 1-26 所示。另外，对"尺寸属性"类别，可以设置其小数位数为 2，并取消勾选"小数不够位数时用'0'补上"复选框，以及确保勾选"文字位于两箭头中间"复选框。

图 1-25　设置尺寸文字样式

图 1-26　设置引导线/延伸线样式

为了便于使用快速标注功能进行相关尺寸标注，可以设置不启用网格。在"屏幕"菜单中选择"网格设置"命令，打开"网格参数"对话框。在该对话框中确保取消勾选"启用网格"复选框，如图 1-27 所示，然后单击 ✔ （确定）按钮。

（16）标注尺寸。

单击 ⌐ （快速标注）按钮，标注图 1-28 所示的尺寸。在执行快速标注的过程中，可以根据设计情况在"尺寸标注"操作栏中进行相关设置，如有些尺寸应设置为半径尺寸，有些尺寸应设置为直径尺寸，有些尺寸的箭头方向应该位于外侧等。

图 1-27 "网格参数"对话框

图 1-28 标注尺寸

知识点拨：读者也可以分别执行"绘图"|"尺寸标注"|"标注尺寸"级联菜单中的相关标注命令来对图素进行标注，如"水平标注""垂直标注""平行标注"和"圆弧标注"等。

1.2.2 绘制型材截面图

本范例要绘制的型材截面图如图 1-29 所示，图中给出了主要尺寸。该范例具体的操作步骤如下。

（1）新建一个图形文件。

在工具栏中单击 ▯ （新建）按钮，或者从菜单栏的"文件"菜单中选择"新建"命令，从而新建一个 Mastercam X9 文件。

（2）相关属性状态设置。

在属性状态栏的线型列表框中选择"实线"线型 ———，在线宽列表框中选择表示粗实线的线宽，线框颜色设置为黑色，切换为 2D 模式，其他默认（如"层

图 1-29 型材截面图

别"为 1，构图面深度 Z 为 0，构图面为俯视图等），如图 1-30 所示。

图 1-30　设置相关属性状态

（3）绘制连续的线段。

在"绘图"工具栏中单击 ✎（任意线）按钮，打开"直线"操作栏。在"直线"操作栏中选中 🔗（连续）按钮，使用鼠标在绘图区选择原点作为第一个端点，接着分别通过设置相应长度和角度来完成图 1-31 所示的依次相连的线段。

图 1-31　绘制连续的线段

（4）绘制椭圆。

在"绘图"工具栏中单击 ◯（椭圆）按钮，系统弹出"椭圆"对话框，设置"长轴半径"为 12.5，"短轴半径"为 6，如图 1-32 所示。在图 1-33 所示的工具栏中选择 ✎（中点）图标选项。

图 1-32　"椭圆"对话框

图 1-33　选择"中点"图标选项

使用鼠标选择图 1-34 所示的直线段，系统捕捉到该直线段的中点作为椭圆中心。然后在"椭圆"对话框中单击 （确定）按钮，绘制的椭圆如图1-35所示。

选择基准点位置
选择线，圆弧，曲线，或实体边界

图1-34　选择直线

图1-35　绘制一个椭圆

（5）在交点处打断椭圆。

在"编辑"菜单中选择"修剪/打断"｜"在交点处打断"命令，接着选择图1-36所示的椭圆和直线段，然后按〈Enter〉键确认，从而在交点处打断椭圆。

（6）删除不再需要的曲线。

在菜单栏中选择"编辑"｜"删除"｜"删除图形"按钮，系统提示"选择图形"，在该提示下选择要删除的曲线段，按〈Enter〉键确定，删除后得到的图形效果如图1-37所示。

选择

图1-36　选择椭圆和直线段

图1-37　删除后的图形效果

（7）串连补正。

在菜单栏的"转换"菜单中选择"串连补正"命令，或者在"转换"工具栏中单击 （串连补正）按钮，弹出"串连选项"对话框。

在"串连选项"对话框中选择 （串连）按钮，单击图形，然后单击"串连选项"对话框中的 （确定）按钮。

系统弹出"串连补正选项"对话框，选择"复制"单选按钮，设置补正的"次"数为1，串连补正的距离为3，选择"增量坐标"单选按钮，在"转角"选项组中选择"尖角"单选按钮，如图1-38所示。可以通过在"串连补正选项"对话框中单击 （方向）按钮以确保串连补正的方向为指向内侧，单击 （确定）按钮，完成的串连补正结果如图1-39所示。

完成串连补正后，可以在"屏幕"菜单中选择"清除颜色"命令。

（8）绘制圆。

在菜单栏的"绘图"｜"绘弧"级联菜单中选择"已知圆心点画圆"命令，或者在"绘图"工具栏中单击 （已知圆心点画圆）按钮，打开"编辑圆心点"操作栏。

在"编辑圆心点"操作栏中单击 （半径）按钮，并在其文本框中输入半径值为1.5，按〈Enter〉键确认。

图 1-38　"串连补正选项"对话框　　　　　图 1-39　串连补正结果

在绘图区分别选择相关直线段的中点，分别以这些中点作为圆心来绘制半径均为 1.5 的小圆，如图 1-40 所示。

然后在"编辑圆心点"操作栏中单击 ☑（确定）按钮。

（9）修剪。

在菜单栏的"编辑"｜"修剪/打断"级联菜单中选择"修剪/打断/延伸"命令，打开"修剪/延伸/打断"操作栏。确保操作栏中的 ◨（修剪）按钮处于被选中的状态，并确保选中 ┼┼（分割物体）按钮，接着分别单击要删除掉的图形部分，最后得到图 1-41 所示的图形效果。

图 1-40　绘制若干小圆　　　　　　　　图 1-41　修剪图形

（10）保存文件。

1.2.3 绘制平面商标图

本范例要绘制的平面商标图如图 1-42 所示，图中给出了主要尺寸。该范例具体的操作步骤如下。

图 1-42　绘制平面商标图

（1）新建一个图形文件。

在工具栏中单击 □（新建）按钮，或者从菜单栏的"文件"菜单中选择"新建"命令，新建一个 Mastercam X9 文件。

（2）相关属性状态设置。

在属性状态栏的线型列表框中选择"实线"线型 ━━━━，在线宽列表框中选择表示粗实线的线宽，线框颜色设置为黑色，采用 2D 模式，其他默认，如图 1-43 所示。

图 1-43　设置相关属性状态

（3）绘制若干个圆。

在菜单栏的"绘图"|"绘弧"级联菜单中选择"已知圆心点画圆"命令，或者在"绘图"工具栏中单击 ⊕（已知圆心点画圆）按钮，打开"编辑圆心点"操作栏。

利用"自动抓点"工具栏的坐标输入框输入圆心点坐标为（40,0）。在"编辑圆心点"操作栏的 ⊙（半径）文本框中输入 40，按〈Enter〉键，接着在"编辑圆心点"操作栏中单击 ⊕（应用）按钮，从而绘制一个圆 C1。

利用"自动抓点"工具栏的坐标输入框输入圆心点坐标为（30,0）。在"编辑圆心点"操作栏的 ⊙（半径）文本框中输入 30，按〈Enter〉键，接着在"编辑圆心点"操作栏中单击 ⊕（应用）按钮，从而绘制第二个圆 C2，如图 1-44 所示。

使用同样的方法，绘制第三个圆 C3，C3 的圆心点坐标为（70,0），半径为 10，如图 1-45 所示。在"编辑圆心点"操作栏中单击 ✓（确定）按钮。

图 1-44　绘制圆 C2　　　　　　　　　　图 1-45　绘制圆 C3

（4）修剪图形。

在菜单栏中选择"编辑"｜"修剪/打断"｜"修剪/打断/延伸"命令，打开"修剪/延伸/打断"操作栏。确保操作栏中的 ✂（修剪）按钮处于被选中的状态，并选中 ⊞（分割物体）按钮，接着分别单击要删除的图形部分，单击 ✓（确定）按钮。最后得到图 1-46 所示的图形效果。

（5）旋转复制转换。

在菜单栏中选择"转换"｜"旋转"命令，使用鼠标以窗口选择的方式框选图 1-47 所示的图素，按〈Enter〉键确定。

图 1-46　修剪图形的效果　　　　　　　图 1-47　选择图形去旋转

系统弹出"旋转"对话框。选择"复制"单选按钮，"次"设置为 4，单次旋转角度为 72.0，如图 1-48 所示。单击 ⊕（定义旋转的中心）按钮，选择原点作为旋转的基点，然后单击 ✓（确定）按钮。旋转复制转换的图形结果如图 1-49 所示。

图 1-48　"旋转"对话框　　　　　　图 1-49　旋转复制转换的图形结果

（6）清除屏幕颜色。

在菜单栏中选择"屏幕"|"清除颜色"命令。

（7）绘制文字。

在菜单栏中选择"绘图"|"文字"命令，或者在"绘图"工具栏中单击 A （文字）按钮，系统弹出"文字"对话框，指定"字体"为 MCX(Block) Font，"文字"内容为 Dreamcax，文字"对齐"方式为"圆弧底部"，"高度"为 12，"圆弧半径"为 85，"间距"为 3，如图 1-50 所示。

图 1-50　"文字"对话框

在"文字"对话框中单击 ⟨✓⟩（确定）按钮。选择图 1-51 所示的点（原点）作为圆心点。绘制的该行文字如图 1-52 所示。按〈Esc〉键完成并退出文字绘制命令。

图 1-51　指定圆心坐标点

图 1-52　绘制圆弧底部对齐的文字

在菜单栏中选择"绘图"|"文字"命令，或者在"绘图"工具栏中单击 A（文字）按钮，系统弹出"文字"对话框，指定"字体"为 MCX(Block) Font，"文字"内容为 BOCHUANG，文字"对齐"方式为"圆弧顶部"，"高度"为 12，"圆弧半径"为 85，"间距"为 3，单击 ⟨✓⟩（确定）按钮，选择图 1-53 所示的点（也即原点）作为圆心点，然后按〈Esc〉键完成并退出该命令，结果如图 1-54 所示。

图 1-53　指定圆心坐标点

图 1-54　完成文字绘制

（8）绘制半径相等的 4 个圆。

在菜单栏的"绘图"|"绘弧"级联菜单中选择"已知圆心点画圆"命令，或者在"绘图"工具栏中单击 ⊕（已知圆心点画圆）按钮，打开"编辑圆心点"操作栏。在"编辑圆心点"操作栏中，选中 ⊙（半径）按钮，并在其文本框中输入 10，按〈Enter〉键确认，如图 1-55 所示。

利用"自动抓点"工具栏的坐标输入功能分别输入圆心点坐标依次为（−80,25）、（80,25）、（−95,−40）和（95,−40）。单击操作栏的 ✓（确定）按钮，绘制的 4 个等半径的圆如图 1-56 所示。

图 1-55　设置半径

图 1-56　绘制 4 个圆

（9）绘制大圆。

在菜单栏中选择"绘图"│"绘弧"│"已知圆心点画圆"命令，或者在"绘图"工具栏中单击 ⊕（已知圆心点画圆）按钮，打开"编辑圆心点"操作栏。在"编辑圆心点"操作栏中设置半径为 100，接着以原点（0,0）作为圆心绘制图 1-57 所示的一个圆。

（10）绘制直线。

在"绘图"工具栏中单击 ✎（任意线）按钮，打开"直线"操作栏，单击 ↔（水平线）按钮以绘制水平线，按空格键，在出现的坐标输入文本框中输入"160,5"，按〈Enter〉键确认，在绘图区向左移动鼠标并在大圆的内部任意指定一点，然后单击 ⊕（应用）按钮，从而完成绘制图 1-58 所示的一条直线段。

图 1-57　绘制一个圆

图 1-58　绘制一条水平线

按空格键，在出现的坐标输入文本框中输入另一条水平线段的第一点坐标为"135,20"，按〈Enter〉键确认，在绘图区向左移动鼠标并在大圆的内部适当指定一点，然后单击 ⊕（应用）按钮，绘制的第二条水平线如图 1-59 所示。

在操作栏中取消 ↔（水平线）的选中状态，并绘制图 1-60 所示的两段直线段。完成所需的这部分直线段后，单击 ✓（确定）按钮。

图 1-59　绘制第二条水平线

图 1-60　绘制两段直线段

（11）修剪图形。

在工具栏中单击 ✎（修剪/打断/延伸）按钮，打开"修剪/打断/延伸"操作栏，选中 ⊬（分割物体）按钮，在绘图区单击要分割的图形，修剪结果如图 1-61 所示。

（12）镜像复制转换。

在菜单栏的"转换"菜单中选择"镜像"命令，或者在"转换"工具栏中单击 ⊥（镜像）按钮。系统提示"镜像：选择要镜像的图形"，使用鼠标以窗口框选的方式选择图 1-62 所示的图形，按〈Enter〉键确认。

图 1-61 修剪结果

图 1-62 选择图形去镜像

系统弹出"镜像"对话框。在该对话框中选择"复制"单选按钮，选择镜像轴选项，参数设置如图 1-63 所示，单击 ⊕（应用）按钮，此次镜像（镜像 1）的结果如图 1-64 所示。

图 1-63 "镜像"对话框

图 1-64 镜像 1

以窗口选择方式（视窗内）框选图 1-65 所示的图形，按〈Enter〉键确认，在"镜像"对话框中，选择位于 按钮前面的单选按钮，并在其相应的 X 文本框中输入 0，实际上设置了以 Y 轴作为镜像轴，单击 （确定）按钮，完成镜像 2 操作，得到的镜像结果如图 1-66 所示。

图 1-65　选择要镜像的图形

图 1-66　镜像 2

（13）清除屏幕颜色。

在菜单栏中选择"屏幕"|"清除颜色"命令。

（14）保存文件。

1.2.4　绘制门状图形

在 Mastercam X9 中，提供了专门用于绘制门状图形的命令。下面介绍如何使用该绘制命令来绘制图 1-67 所示的三个门状图形，使读者掌握该"画门状图形"命令的应用方法及其技巧等。

图 1-67　绘制门状图形

本操作范例具体的操作步骤如下。

（1）新建一个图形文件。

在工具栏中单击 （新建）按钮，或者从菜单栏的"文件"菜单中选择"新建"命令，新建一个 Mastercam X9 文件。

（2）在菜单栏中选择"绘图"|"门状图形"命令，系统弹出"画门状图形"对话框。

（3）在"画门状图形"对话框中，从"门状类型"下拉列表框中选择"有凹角的"选项，勾选"镜像拱形"复选框，设置门高、顶部宽度、拱形高度、底部宽度、左侧宽度、右侧宽度和门宽，并分别设置水平棂框和垂直棂框的参数，如图 1-68 所示。

图 1-68 "画门状图形"对话框

知识点拨： 在 Mastercam X9 系统中，可供选择的门的类型选项包括"有凹角的""罗马形""左侧罗马形""右侧罗马形""教堂形""左侧教堂形""右侧教堂形""弧形""立方体（浮雕）"和"简单矩形"。

（4）在"画门状图形"对话框中单击 ✓（确定）按钮。

（5）系统提示"请指定门板的左下角位置"。按空格键，接着在出现的坐标输入框中输入"0,0"，并按〈Enter〉键确认该坐标输入。绘制有凹角的门状图形如图 1-69 所示。

图 1-69 绘制有凹角的门状图形

（6）按〈Esc〉键结束该命令操作。

（7）在菜单栏中选择"绘图"|"门状图形"命令，系统弹出"画门状图形"对话框。

（8）在"画门状图形"对话框中，从"门状类型"下拉列表框中选择"教堂形"选项，并设置相应的参数，如图1-70所示。

图1-70　设置教堂形门类型的相关参数

（9）在"画门状图形"对话框中单击 ✓ （确定）按钮。

（10）系统提示"请指定门板的左下角位置"。按空格键，接着在出现的坐标输入框中输入"540,0"，并按〈Enter〉键确认该坐标输入。然后按〈Esc〉键结束该命令操作。绘制完成的教堂形门状图形如图1-71所示。

图1-71　绘制好两个门状图形

（11）在菜单栏中，选择"绘图"|"门状图形"命令，系统弹出"画门状图形"对话框。

（12）在"画门状图形"对话框中，从"门状类型"下拉列表框中选择"罗马形"选项，并设置相应的参数，如图1-72所示。

图1-72　设置罗马门状图形的相关参数

（13）在"画门状图形"对话框中单击 ✓ （确定）按钮。

（14）系统提示"请指定门板的左下角位置"。按空格键，接着在出现的坐标输入框中输入"1080,0"，并按〈Enter〉键确认。然后按〈Esc〉键结束该命令操作。至此，共完成 3 个门状图形，其中最后完成的"罗马形"类型的门状图形如图1-73c所示。

a)　　　　　　　　　b)　　　　　　　　　c)

图1-73　完成的 3 个门状图形

a)"有凹角的"　b)"教堂形"　c)"罗马形"

1.2.5 绘制平面螺旋线

在 Mastercam X9 系统中，既可以绘制平面螺旋线，又可以绘制空间螺旋线。用于绘制螺旋线的命令有"螺旋线（间距）"和"螺旋线（锥度）"。本小节范例要绘制的两条平面螺旋线如图 1-74 所示，主要使用"螺旋线（间距）"命令来完成绘制。本范例的具体操作步骤如下。

图 1-74　绘制平面螺旋线

（1）新建一个图形文件。

在工具栏中单击 □（新建）按钮，或者从菜单栏的"文件"菜单中选择"新建"命令，新建一个 Mastercam X9 文件。

（2）相关属性状态设置。

在属性状态栏的线型列表框中选择"实线"线型 ━━━━，在线宽列表框中选择表示粗实线的线宽，线框颜色设置为深蓝色（可接受默认的线框颜色），其他默认。

（3）在菜单栏中选择"绘图"|"螺旋线（间距）"命令，系统弹出"螺旋"对话框。

（4）设置"圈数"为 5，"高度"为 0，"半径"为 3，"起始间距"为 3，"结束间距"为1，选择"逆时针"单选按钮，如图 1-75 所示。

图 1-75　"螺旋"对话框

（5）指定原点（0，0）作为螺旋线的基点位置，然后单击"螺旋线"对话框中的 （应用）按钮。绘制的第一条螺旋线如图1-76所示。

（6）在"螺旋"对话框中选择"顺时针"单选按钮，其他参数采用默认值。在"自动抓点"工具栏中单击 （快速绘点）按钮，在出现的文本框中输入"35,0"并按〈Enter〉键确认，然后在"螺旋"对话框中单击 （确定）按钮，从而绘制第 2 条螺旋线。完成的两条螺旋线如图1-77所示。

图1-76 绘制的第一条螺旋线　　　　　　　　　图1-77 完成的两条螺旋线

1.2.6 绘制虎头钩平面图

本范例要绘制的虎头钩平面图如图 1-78 所示，图中特意给出了相关的尺寸要求信息。本范例具体的操作步骤如下。

图1-78 绘制虎头钩平面图

（1）新建一个图形文件。

在工具栏中单击 □ （新建）按钮，或者从菜单栏的"文件"菜单中选择"新建"命令，新建一个 Mastercam X9 文件。

（2）相关属性状态设置。

默认的绘图面为俯视图，构图深度 Z 值为 0，"层别"为 1，接着在属性状态栏的线型列表框 中选择"中心线"线型 ━ ▪ ▪，确保线宽为细线，并设置线框颜色为红色等，如图 1-79 所示。

图 1-79　在属性状态栏中的设置

（3）绘制主要的中心线和定位线。

在"绘图"工具栏中单击 （任意线）按钮，绘制图 1-80 所示的几条中心线，注意各中心线的端点坐标。

图 1-80　绘制中心线

（4）使用层别号为 2 的图层，并设置相关属性状态。

在属性状态栏中单击"层别"标签，打开"层别管理"对话框。在"主层别"选项组中，在"层别号码"文本框中输入 2，按〈Enter〉键确认，从而将该新层别号码为 2 的图层设置为当前层，如图 1-81 所示，然后单击 　 （确定）按钮。

在属性状态栏的线型列表框 ━ ▪ ▪ 中选择"实线"线型 ━━，在线宽列表框中选择粗一号的线宽，并将线框颜色设置为黑色。

图 1-81 "层别管理"对话框

（5）绘制若干个圆。

在菜单栏的"绘图"｜"绘弧"级联菜单中选择"已知圆心点画圆"命令，或者在"绘图"工具栏中单击 （已知圆心点画圆）按钮，打开"编辑圆心点"操作栏。分别指定圆心点和直径来绘制所需的 5 个圆，这些圆的圆心点均位于相应的中心线交点处，如图 1-82 所示（为了便于读者上机进行练习操作，特意标出了各圆的直径尺寸值）。

图 1-82　绘制 5 个圆

（6）采用单体补正的方式求出若干个将作为圆心的交点。

在菜单栏中选择"转换"|"单体补正"命令，系统弹出"补正"对话框。在"补正"对话框中选择"复制"单选按钮，设置"次"数为1，"补正距离"为20，如图1-83所示。

选择图1-84所示的圆，此时系统出现"指定补正方向"的提示信息。在圆的外部区域单击，以定义补正方向朝向圆外，然后在"补正"对话框中单击 （应用）按钮，补正结果如图1-85所示。

图1-83 设置补正参数

图1-84 选择要补正的一图素

在"补正"对话框中，将新的"补正距离"设置为35，选择图1-86所示的竖直中心线去补正，在该中心线右侧单击以定义补正侧，即指定补正结果产生在该中心线的右侧区域，然后在"补正"对话框中单击 ⊕（应用）按钮。

图1-85 补正1

图1-86 补正2操作

使用相同的补正方法，分别求出图1-87所示的交点B、C和D，其中D为补正圆与相应水平中心线（含其延长线）的交点。图中专门给出了补正距离以供读者确切地把握相关图

素的几何关系。读者也可以从已知尺寸来求出这些位置点。最后在"补正"对话框中单击
（确定）按钮。

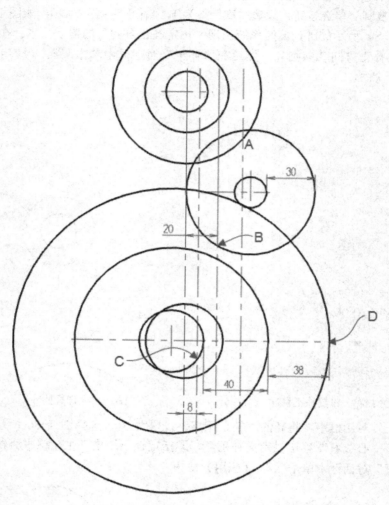

图 1-87　通过补正方式来求交点作为圆心

（7）创建点并删除不再需要的一些图形（图素）。

在"绘图"工具栏中单击 + （绘点）按钮，分别在 A、B、C 和 D 位置处绘制点，单击
（确定）按钮。

然后将之前通过单体补正操作获得的相关辅助图形（图素）删除，结果如图 1-88
所示。

（8）绘制圆。

在菜单栏的"绘图"｜"绘弧"级联菜单中选择"已知圆心点画圆"命令，或者在"绘
图"工具栏中单击 ⊙ （已知圆心点画圆）按钮，打开"编辑圆心点"操作栏。分别指定圆心
点和直径（也可指定圆心位置和相切对象）来绘制所需的 3 个圆，这些圆的圆心点均位于相
应的点处，如图 1-89 所示。

图 1-88　绘制点并删除图素后的效果　　　　图 1-89　绘制 3 个圆

（9）使用"极坐标圆弧"功能绘制圆弧。

在菜单栏的"绘图"｜"绘弧"级联菜单中选择"极坐标圆弧"命令，或者在"绘图"工具栏中单击 （极坐标圆弧）按钮，系统弹出"已知圆心，极坐标画弧"操作栏，如图 1-90 所示。

图 1-90　"已知圆心，极坐标画弧"操作栏

系统提示"请输入圆心点"，使用鼠标单击图 1-91 所示的点作为圆心点。接着在"已知圆心，极坐标画弧"操作栏中设置半径为 158，使用鼠标在绘图区分别于大概位置处指定圆弧起始角度位置 A1 和终止角度位置 A2，如图 1-92 所示。

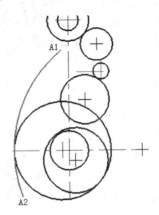

图 1-91　输入圆心点　　　　　　图 1-92　绘制圆弧

在"已知圆心，极坐标画弧"操作栏中单击 （确定）按钮。

（10）绘制公切线。

为了便于绘制公切线时选择要相切的图素，可以关闭网格捕捉功能，方法是在"屏幕"菜单中选择"网格设置"命令，打开"网格参数"对话框，从中取消勾选"启用网格"复选框，然后单击 ✓（确定）按钮。

在菜单栏的"绘图"│"绘线"级联菜单中选择"任意线"命令，或者在"绘图"工具栏中单击 ✓（绘制任意线）按钮，接着在出现的"直线"操作栏中确保选中 ✓（相切）按钮，然后分别选择要相切的两个圆来绘制一条公切线，单击 ⊕（应用）按钮，绘制的该条公切线如图 1-93 所示。

再分别使用鼠标选择另一组要相切的两个圆来绘制第二条公切线，单击 ✓（确定）按钮。绘制的第二条公切线如图 1-94 所示。

图 1-93　绘制一条公切线　　　　　图 1-94　绘制的公切线 2

（11）绘制切弧。

在菜单栏的"绘图"│"绘弧"级联菜单中选择"切弧"命令，或者在"绘图"工具栏中单击 ⌐（切弧）按钮，打开"切弧"操作栏。

在"切弧"操作栏中单击 ⌐（两物体切弧）按钮，在 ◉（半径）文本框中输入半径值为 20，分别选择要相切的圆 1 和圆弧 1，如图 1-95 所示，单击 ⊕（应用）按钮。

在 ◉（半径）文本框中输入半径值为 12。确认该新半径值后，使用鼠标在绘图区分别选择图 1-96 所示的圆 2 和圆 3，然后在"切弧"操作栏中单击 ✓（确定）按钮，完成切弧绘制。

图 1-95　创建切弧 1　　　　　　　图 1-96　绘制切弧 2

（12）修剪图形。

在工具栏中单击 ＼（修剪/打断/延伸）按钮，系统弹出"修剪/打断/延伸"操作栏，选中 ┼┼（分割物体）按钮，如图 1-97 所示。

图 1-97　"修剪/打断/延伸"操作栏

使用鼠标在绘图区有序地选择要分割的曲线或圆弧，注意相关的选择位置。最后得到的修剪结果如图 1-98 所示。

图 1-98　修剪图形的结果

（13）图形标注的准备工作。

在属性状态栏的线型列表框中选择"实线"线型 ━━━，将线宽设置为标准细线，设置系统线框颜色为红色，"层别"为新的图层 3，如图 1-99 所示。

图 1-99　相关属性状态设置

在"绘图"菜单中选择"尺寸标注"|"选项"命令，打开"自定义选项"对话框，分别对标注的"尺寸文字"和"引导线/延伸线"等进行设置。由读者根据相关制图标准或制图规范自行设置。

（14）单击 ┼（快速标注）按钮，标注图 1-100 所示的尺寸。在执行快速标注的过程中，可以根据设计情况在"尺寸标注"操作栏中进行相关设置，如有些尺寸应设置为半径尺寸，有些尺寸应设置为直径尺寸，有些尺寸的箭头方向应该位于外侧等。

图 1-100　快速标注尺寸

（15）保存文件。

1.2.7　绘制花键零件截面图

本范例要绘制的花键零件截面图如图 1-101 所示，图中特意给出了主要的尺寸信息。本范例具体的操作步骤如下。

图 1-101　花键零件截面图

（1）新建一个图形文件。

在工具栏中单击 🗋（新建）按钮，或者从菜单栏的"文件"菜单中选择"新建"命令，新建一个 Mastercam X9 文件。

（2）相关属性状态设置。

默认的绘图面为俯视图，构图深度 Z 值为 0，"层别"为 1，接着在属性状态栏的线型列表框 中选择"中心线"线型 ━ ･ ━，确保线宽为细线，并设置系统线框颜色为红色，切换为 2D 模式等，如图 1-102 所示。

图 1-102　在属性状态栏中的设置

（3）绘制中心线/辅助线。

在"绘图"工具栏中单击 ✐（绘制任意线）按钮，绘制图 1-103 所示的两条中心线，注意各中心线的端点坐标。

在菜单栏的"绘图"｜"绘弧"级联菜单中选择"已知圆心点画圆"命令，或者在"绘图"工具栏中单击 ⊕（已知圆心点画圆）按钮，打开"编辑圆心点"操作栏。以坐标原点作为圆心，绘制一个半径为 39 的圆，该圆以点画线的形式显示，单击 ✔（确定）按钮，如图 1-104 所示。

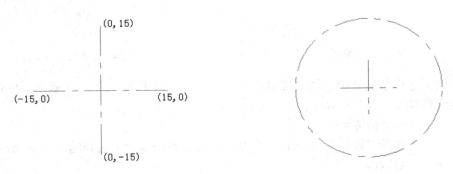

图 1-103　绘制两条中心线　　　　　图 1-104　绘制中心线/辅助线

（4）使用层别号为 2 的图层，并设置相关属性状态。

在属性状态栏中单击"层别"标签，打开"层别管理"对话框。在"主层别"选项组中，在"层别号码"文本框中输入 2，按〈Enter〉键确认，从而将该层别号码为 2 的新图层设置为当前层，然后单击 ✔（确定）按钮。

在属性状态栏的线型列表框 中选择"实线"线型 ━━━，在线宽列表框中选择粗一号的线宽，线框颜色设置为黑色。

（5）绘制 4 个圆。

在菜单栏的"绘图"｜"绘弧"级联菜单中选择"已知圆心点画圆"命令，或者在"绘图"工具栏中单击 ⊕（已知圆心点画圆）按钮，打开"编辑圆心点"操作栏。分别绘制图 1-105 所示的 4 个圆。

（6）绘制补正偏移的辅助线。

在菜单栏中选择"转换"|"单体补正"命令，系统弹出"补正"对话框。

在"补正"对话框中选择"复制"单选按钮，设置补正"次"数为 1，"补正距离"为 2.5，"补正方向"为 （向两侧），如图 1-106 所示。

图 1-105　绘制 4 个圆

图 1-106　"补正"对话框

在绘图区选择竖直的中心线，接着在"补正"对话框中单击 ✓（确定）按钮。向两侧补正的结果如图 1-107 所示。

（7）进行旋转复制转换操作。

在菜单栏中选择"转换"|"旋转"命令，接着在系统提示下选择图 1-108 所示的两条线，按〈Enter〉键确认。

图 1-107　向两侧补正的结果

图 1-108　选择要旋转的图形

系统弹出"旋转"对话框。选择"复制"单选按钮，设置"次"数为 2，选择"角度之间"单选按钮，设置单次"旋转角度"为 60，如图 1-109 所示。可以单击 ✛（定义旋转的中心）按钮，选择原点作为旋转的基点。

在"旋转"对话框中单击 ✓（确定）按钮，结果如图 1-110 所示。

图 1-109　"旋转"对话框

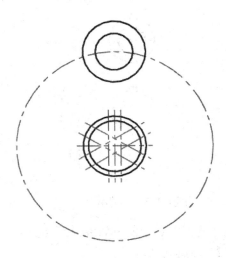

图 1-110　旋转复制转换的结果

（8）根据辅助线补全相关的花键轮廓线。

在"绘图"工具栏中单击 ✐（绘制任意线）按钮，分别单击相应的交点绘制直线段，结果如图 1-111 所示。

（9）删除一些辅助线。

选择一些不再需要的辅助线，按〈Delete〉键将它们删除，结果如图 1-112 所示。

图 1-111　绘制直线段

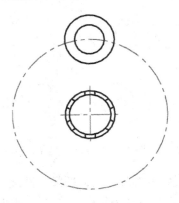

图 1-112　删除一些辅助线

（10）修剪图形。

在工具栏中单击 ✎（修剪/打断/延伸）按钮，系统弹出"修剪/打断/延伸"操作栏，确保选中 ☒（修剪）按钮和 ⊞（分割物体）按钮。使用鼠标在绘图区有序地选择要分割修剪的曲线段，注意相关的选择位置。完成本步骤得到的修剪结果如图 1-113 所示。

（11）进行旋转复制转换操作。

在菜单栏中选择"转换"|"旋转"命令，接着在系统提示下选择图 1-114 所示的两个圆，按〈Enter〉键确认。系统弹出"旋转"对话框，确保选择"复制"单选按钮，"次"数为 4，选择"角度之间"单选按钮，在 ∠（旋转角度）文本框中输入 72，并选择"旋转"单选按钮。注意确保原点作为本次旋转复制的基准中心点。

图 1-113　修剪结果

图 1-114　选择要旋转到图形

在"旋转"对话框中单击 ☑（确定）按钮，结果如图 1-115 所示。

（12）绘制切弧。

在菜单栏的"绘图"|"绘弧"级联菜单中选择"切弧"命令，或者在"绘图"工具栏中单击 ⤵（切弧）按钮，打开"切弧"操作栏。

在"切弧"操作栏中单击选中 ◰（两物体切弧）按钮，在 ◉（半径）文本框中输入半径值为 25，分别选择要相切的圆 1 和圆 2，如图 1-116 所示。

图 1-115　旋转复制的结果

图 1-116　选择要相切的两个圆

系统显示所有可能的切弧，并提示选择所需的圆角。使用鼠标单击图 1-117 所示的圆角（圆弧段），然后在操作栏中单击 ☑（确定）按钮。完成绘制的一段切弧如图 1-118 所示。

图1-117 选择所需的圆角

图1-118 绘制一段切弧

（13）旋转复制。

选择刚绘制完成的一段切弧，在菜单栏中选择"转换"|"旋转"命令，系统弹出"旋转"对话框。在"旋转"对话框中设置图1-119所示的旋转复制参数，确保以原点作为旋转的中心基点。然后在"旋转"对话框中单击 （确定）按钮，得到的旋转复制结果如图1-120所示。

图1-119 设置旋转复制参数

图1-120 旋转复制的结果

（14）修剪图形。

在工具栏中单击 （修剪/打断/延伸）按钮，打开"修剪/打断/延伸"操作栏，确保选中 （修剪）按钮和 （分割物体）按钮。使用鼠标在绘图区单击要修剪掉的图形部分，修剪结果如图1-121所示。注意也可以在"修剪/打断/延伸"操作栏中采用其他的修剪方式。

（15）清除屏幕颜色。

在"屏幕"菜单中选择"清除颜色"命令。

（16）绘制剖面线。

在属性状态栏的线型列表框中选择"实线"线型 ━━━━━，将线宽设置为标准细线，设置系统线框颜色为红色，"层别"为新的图层 3。

在菜单栏中选择"绘图"|"尺寸标注"|"剖面线"命令，系统弹出"剖面线"对话框。在该对话框的"图样"列表框中选择"铁"，在"参数"选项组中设置"间距"为 5，"角度"为 45，如图 1-122 所示，然后单击 ✓（确定）按钮。

图 1-121　修剪结果

图 1-122　设置剖面线参数

系统弹出图 1-123 所示的"串连选项"对话框。在"串连选项"对话框中选中 ∞（串连）按钮，使用鼠标分别单击每一个实线封闭图形链，确定选择好所需的串连图素后，单击"串连选项"对话框中的 ✓（确定）按钮。绘制的剖面线如图 1-124 所示。

图 1-123　"串连选项"对话框

图 1-124　绘制的剖面线

（17）保存文件。

1.3　绘制零件图范例

绘制零件图范例包括绘制凸耳零件图和主动轴零件图。本节的两个范例均省略了绘制图框和标题栏等环节。

1.3.1　绘制凸耳零件图

绘制的凸耳零件图如图 1-125 所示。该零件图省去了图框和标题栏等一些内容。该凸耳零件的表达需要两个视图。

图 1-125　绘制凸耳零件图

绘制凸耳零件图的具体操作步骤如下。

（1）新建一个图形文件。

在工具栏中单击 🗋（新建）按钮，或者从菜单栏的"文件"菜单中选择"新建"命令，从而新建一个 Mastercam X9 文件。

（2）相关属性状态设置。

默认的绘图面为俯视图，构图深度 Z 值为 0，"层别"为 1，接着在属性状态栏的线型列表框中选择"中心线"线型——·——·，确保线宽为细线，并设置系统线框颜色为红色等，如图 1-126 所示。

| 2D | 屏幕视图 | WCS | 平面 Z 0.0 | ⌄ | 🔲 ⦿ ⊞ | 层别 1 | ⌄ | 属性 ✻ ⌄ ——·—— ⌄ —— ⌄ |

图 1-126　在属性状态栏中的设置

（3）绘制中心线来对视图进行布局。

在"绘图"工具栏中单击 ✎（绘制任意线）按钮，绘制图 1-127 所示的若干条中心线，注意各中心线的端点坐标。

图 1-127　绘制主要中心线

（4）使用层别号为 2 的图层，并设置相关属性状态。

在属性状态栏中单击"层别"标签，打开"层别管理"对话框。在"主层别"选项组的"层别号码"文本框中输入 2，按〈Enter〉键确认，从而将该新层别号码为 2 的图层设置为当前层，然后单击 ✓（确定）按钮。

在属性状态栏的线型列表框 ▭ 中选择"实线"线型 ▬▬▬，在线宽列表框中选择粗一号的线宽，线框颜色设置为黑色。

（5）绘制圆。

在菜单栏的"绘图"|"绘弧"级联菜单中选择"已知圆心点画圆"命令，或者在"绘图"工具栏中单击 ⊙（已知圆心点画圆）按钮，打开"编辑圆心点"操作栏。分别绘制图 1-128 所示的 4 个圆。

图 1-128　绘制 4 个圆

（6）采用"极坐标圆弧"方式绘制圆弧。

在菜单栏中选择"绘图"|"绘弧"|"极坐标圆弧"命令，或者在"绘图"工具栏中单击 ⤵（极坐标圆弧）按钮，打开"已知圆心，极坐标圆弧"操作栏。选择图 1-129 所示的两

条中心线的交点作为新圆弧的圆心点，接着在"已知圆心，极坐标圆弧"操作栏中设置圆弧"半径"为10，圆弧"起始角度"为90，"终止角度"为270，如图1-130所示。

图1-129　输入圆心点 　　　　　　　　　　图1-130　在操作栏中设置参数

在"已知圆心，极坐标圆弧"操作栏中单击 ⊕（应用）按钮，绘制的一段圆弧如图 1-131 所示。

图1-131　绘制一段圆弧

选择图 1-132 所示的两条中心线的交点作为新圆弧的圆心点，在操作栏中设置圆弧"半径"为10，圆弧"起始角度"为-90，"终止角度"为 90，并可以根据预览效果单击 ⟷（切换）按钮以获得所需到圆弧，单击 ✓（确定）按钮。绘制的该段圆弧如图 1-133 所示。

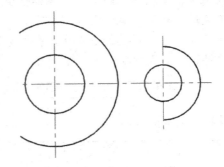

图1-132　输入圆心点 　　　　　　　　　　图1-133　绘制的圆弧

（7）绘制直线段。

在"绘图"工具栏中单击 ╱（绘制任意线）按钮，绘制图1-134所示的两条直线段。

（8）修剪图形。

在工具栏中单击 ＞（修剪/打断/延伸）按钮，系统弹出"修剪/打断/延伸"操作栏，确保选中 ◢（修剪）按钮和 ⊬（分割物体）按钮。使用鼠标在绘图区单击要修剪的图形部分，修剪结果如图 1-135 所示。也可以在"修剪/打断/延伸"操作栏中采用其他的修剪方式。

图 1-134　绘制两条直线段　　　　　　　　图 1-135　修剪结果

（9）在另一个视图中绘制直线段。

在"绘图"工具栏中单击 ✏ （绘制任意线）按钮，根据视图投影关系等绘制图 1-136 所示的直线段，图中特意给出了关键位置坐标和相关参考尺寸。

图 1-136　绘制直线段

（10）执行"单体补正"操作。

在菜单栏中选择"转换"|"单体补正"命令，系统弹出"补正"对话框。在"补正"对话框中选择"复制"单选按钮，"次"数为 1，在 ⇥ （补正距离）文本框中输入 5。在绘图区选择图 1-137 所示的直线去补正，在所选直线的上方区域单击以指定该方向为补正方向，然后在"补正"对话框中单击 ✓ （确定）按钮。补正结果如图 1-138 所示。

图 1-137　选择直线去补正　　　　　　　　图 1-138　补正结果

（11）清除屏幕颜色。

在菜单栏中选择"屏幕"|"清除颜色"命令。

（12）根据投影关系绘制相关的辅助线。

在"绘图"工具栏中单击 ✏ （绘制任意线）按钮，根据视图投影关系来绘制图 1-139 所示的直线段。

（13）修剪图形。

在工具栏中单击 ✎（修剪/打断/延伸）命令，系统弹出"修剪/打断/延伸"操作栏。利用该操作栏中的相关功能将图形修剪成如图1-140所示。

图1-139　绘制相关直线段　　　　　　　图1-140　修剪图形的结果图

（14）绘制剖面线。

在属性状态栏中单击"层别"标签，打开"层别管理"对话框。在"主层别"选项组中，在"层别号码"文本框中输入3，按〈Enter〉键确认，从而将该层别号码为3的新图层设置为当前层，然后单击 ✓（确定）按钮。

在属性状态栏的线型列表框中选择"实线"线型 ━━━，将线宽设置为标准细线，并设置系统线框颜色为红色。

在菜单栏中选择"绘图"|"尺寸标注"|"剖面线"命令，系统弹出"剖面线"对话框，设置图1-141所示的剖面线参数，单击 ✓（确定）按钮。

系统弹出"串连选项"对话框，单击 ⊡（区域）按钮，使用鼠标在绘图区分别在区域A、B、C和D内单击，以选中4个要绘制剖面线的区域，如图1-142所示。

图1-141　"剖面线"对话框　　　　　图1-142　选择要绘制剖面线的4个区域

按〈Enter〉键确定，绘制的剖面线如图 1-143 所示。

（15）补全轮廓线。

在属性状态栏中，设置当前图层为 2，线型为"实线"线型━━━━，采用粗一号的线宽，线框颜色为黑色。

在"绘图"工具栏中单击 ╱ （绘制任意线）按钮，分别选择相应的端点来绘制所需的直线段，从而补全轮廓线，结果如图 1-144 所示。

图 1-143　绘制剖面线　　　　　　　　　　　　图 1-144　补全轮廓线

（16）尺寸标注的准备工作。

在属性状态栏中，设置当前图层为 3，从线型列表框中选择"实线"线型━━━━，将线宽设置为标准细线，并设置系统线框颜色为红色（颜色代号为 12）。

在"绘图"菜单中选择"尺寸标注"|"选项"命令，打开"尺寸标注设置"对话框，分别对标注的"尺寸文字"和"引导线/延伸线"等进行设置，分别如图 1-145 和图 1-146 所示。其他如"尺寸属性""尺寸标注"和"注释文字"等参数由读者根据实际要求进行设置，其中一些采用默认设置，但是建议在"尺寸属性"类别，可以设置坐标到小数位数为 2，取消勾选"小数不够位数时用'0'补上"复选框，以及在"文字自动对中"选项组中勾选"文字位于两箭头中间"复选框。设置好尺寸标注的相关参数后，单击 ✓ （确定）按钮。

图 1-145　尺寸文字参数设置

图 1-146 引导线/延伸线参数设置

为了便于使用快速标注功能进行相关尺寸标注，可以设置不启用网格。方法是在"屏幕"菜单中选择"网格设置"命令，打开"网格参数"对话框。在该对话框中确保取消勾选"启用网格"复选框，然后单击 ✓ （确定）按钮。

（17）单击 （快速标注）按钮，标注图 1-147 所示的尺寸。在执行快速标注的过程中，可以根据设计情况在"尺寸标注"操作栏中进行相关设置。

图 1-147 快速标注尺寸

　　知识点拨：除了可以执行"快速标注"功能来标注尺寸之外，读者也可以分别执行"绘图"｜"尺寸标注"｜"标注尺寸"级联菜单中的相关标注命令来对图形进行标注，如"水平标注""垂直标注"和"圆弧标注"等。

　　如果需要，还可以绘制图框和标题栏等，本范例省略这些内容。

　　（18）保存文件。

1.3.2　绘制主动轴零件图

　　绘制的主动轴零件图如图 1-148 所示。该零件图省去了图框和标题栏等一些内容。该主动轴上的齿轮参数为：模数 m=2，齿数 Z=18，齿形角 α=20°，精度等级为 766GM。

图 1-148　主动轴零件

绘制主动轴零件图的具体操作步骤如下。

　　（1）新建一个图形文件。

　　在工具栏中单击 □（新建）按钮，或者从菜单栏的"文件"菜单中选择"新建"命令，从而新建一个 Mastercam X9 文件。

　　（2）相关属性状态设置。

　　默认的绘图面为俯视图，构图深度 Z 值为 0，"层别"为 1，接着在属性状态栏的线型列表框中选择"中心线"线型 ━━ ‧ ‧，确保线宽为细线，设置系统线框颜色为红色（颜色代号为 12），并切换为 2D 模式等，如图 1-149 所示。

| 2D | 屏幕视图 | WCS | 平面 Z | 0.0 | ∨ | | | | 层别 | 1 | ∨ | 属性 | ✳ | ∨ | ━━ ‧ ‧ ∨ | |

图 1-149　在属性状态栏中的设置

（3）绘制中心线。

在"绘图"工具栏中单击 （绘制任意线）按钮，绘制图1-150所示的一条中心线，注意该中心线的端点坐标。

(−3,0)   (140,0)

图1-150　绘制一条中心线

（4）使用层别号为2的图层，并设置相关属性状态。

在属性状态栏中单击"层别"标签，打开"层别管理"对话框。在"主层别"选项组的"层别号码"文本框中输入2，按〈Enter〉键确认，从而将该层别号码为2的新图层设置为当前层，然后单击 （确定）按钮。

在属性状态栏的线型列表框 中选择"实线"线型 ，在线宽列表框中选择粗一号的线宽，线框颜色设置为黑色。

（5）在中心线的一侧绘制连续的直线段。

在"绘图"工具栏中单击 （绘制任意线）按钮，绘制图1-151所示的图形。

图1-151　绘制相关的直线段

（6）绘制C2规格的倒角。

在菜单栏的"绘图"|"倒角"级联菜单中选择"倒角"命令，打开"倒角"操作栏，从中进行图1-152所示的设置，即设置倒角距离1的尺寸为2。

图1-152　在"倒角"操作栏中的设置

使用鼠标依次单击图1-153所示的3组图素，即直线段1和直线段2（第一组）、直线段3和直线段4（第二组）、直线段4和直线段5（第三组），然后单击 （确定）按钮。

（7）绘制另一规格的倒角。

在菜单栏中选择"绘图"|"倒角"|"倒角"命令，打开"倒角"操作栏，在 （类型）下拉列表框中选择"距离1"，在 （距离1）文本框中输入1.5，并选中 （修剪）按钮。使用鼠标单击图1-154所示的直线段6和直线段7来创建一处C1.5规格的倒角，然后单击 （确定）按钮。

图 1-153　创建 C2 倒角　　　　　　　图 1-154　创建 C1.5 的倒角

（8）镜像图形。

在菜单栏中选择"转换"|"镜像"命令，使用鼠标通过指定一个视窗框（即指定两个角点）来选择视窗框内的图素作为要镜像的图素，如图 1-155 所示，按〈Enter〉键确认。

图 1-155　选择要镜像的图素

系统弹出"镜像"对话框，在该对话框中设置图 1-156 所示的选项及参数，然后单击（确定）按钮。镜像结果如图 1-157 所示。

图 1-156　"镜像"对话框

图 1-157　镜像结果

（9）清除颜色。

在"屏幕"菜单中选择"清除颜色"命令。

（10）绘制两个圆。

在菜单栏的"绘图"｜"绘弧"级联菜单中选择"已知圆心点画圆"命令，或者在"绘图"工具栏中单击⊕（已知圆心点画圆）按钮，打开"编辑圆心点"操作栏。分别以点（103.5,0）和点（111.5,0）作为圆心绘制半径为2.5的两个圆，效果如图1-158所示。

图1-158　绘制两个圆

（11）绘制直线。

在"绘图"工具栏中单击 （绘制任意线）按钮，为两个圆绘制图 1-159 所示的两条直线段。

（12）修剪图形。

在工具栏中单击 （修剪/打断/延伸）命令，系统弹出"修剪/打断/延伸"操作栏。利用该操作栏中的相关功能将键槽部分修剪成图1-160所示。

图1-159　绘制两条直线段　　　　　　　图1-160　修剪出键槽图形

（13）补全轮廓线。

在"绘图"工具栏中单击 （绘制任意线）按钮，补全轮廓线如图1-161所示。

图1-161　补全轮廓线

（14）绘制细实线表示外螺纹内径。

在属性状态栏的线宽列表框中选择细的线宽，颜色设置为红色（颜色代码为12）。

在"绘图"工具栏中单击 （绘制任意线）按钮，绘制图1-162所示的两条细实线。

图 1-162　绘制两条细实线

（15）绘制表示齿轮分度圆的中心线。

在属性状态栏的线型列表框中选择"中心线"线型 ▬ ▬ ▪ ▪ ，确保线宽为细线，设置线框颜色为红色（颜色代码为 12），当前图层为 1。

在"绘图"工具栏中单击 ✎ （绘制任意线）按钮，在主视图中绘制图 1-163 所示的两条中心线，注意中心线的端点坐标。

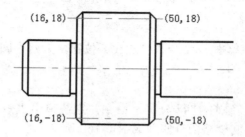

图 1-163　绘制中心线

（16）在主视图的键槽区域的下方适当位置处绘制中心线。

在"绘图"工具栏中单击 ✎ （绘制任意线）按钮，在主视图的键槽区域的下方适当位置处绘制图 1-164 所示的两条中心线。

图 1-164　绘制两条中心线

（17）绘制键槽部分的截面图轮廓。

在属性状态栏的线型列表框 ▬▬▬ 中选择"实线"线型 ▬▬▬ ，在线宽列表框中选择粗一号的线宽，线框颜色设置为黑色，"层别"为 2。

在菜单栏的"绘图"｜"绘弧"级联菜单中选择"已知圆心点画圆"命令，或者在"绘图"工具栏中单击 ⊙ （已知圆心点画圆）按钮，打开"编辑圆心点"操作栏。以短的两条中心线的交点作为圆心，绘制一个直径为 17 的圆，如图 1-165 所示。

图1-165 绘制一个圆

在菜单栏中选择"转换"|"单体补正"命令，打开"补正"对话框。利用该对话框进行补正复制操作，结果如图1-166所示（图中给出了补正距离）。

在"绘图"工具栏中单击 ✎（绘制任意线）按钮，绘制图1-167所示的直线段。

图1-166 补正复制

图1-167 绘制直线段

删除不需要的辅助线，以及修剪图形，结果如图1-168所示。

（18）绘制剖面线。

在属性状态栏的线宽列表框中选择细的线宽，线框颜色设置为红色（颜色代码为12）。

在菜单栏中选择"绘图"|"尺寸标注"|"剖面线"命令，系统弹出"剖面线"对话框，设置图1-169所示的剖面线图样和参数（间距和角度），单击 ✓（确定）按钮。

图1-168 图形编辑结果

图1-169 "剖面线"对话框

系统弹出"串连选项"对话框，选中 ⬭ （串连）按钮，使用鼠标在绘图区单击图 1-170 所示的图形，然后在"串连选项"对话框中单击 ✓ （确定）按钮。绘制的剖面线如图 1-171 所示。

图 1-170　选择串连轮廓

图 1-171　绘制的剖面线

（19）绘制将用于定义剖切/截断符号的直线段。

在属性状态栏中，将线框颜色设置为黑色，将线宽设置得更粗一些。然后在"绘图"工具栏中单击 ✎ （绘制任意线）按钮，绘制图 1-172 所示的一条竖直直线。

（20）打断并删除不需要的部分以获得剖切线符号。

使用"编辑"|"修剪/打断"|"两点打断"命令，将上步绘制的竖直线段在适当的位置处打断。多次打断，然后将其中不再需要的部分删除，同时绘制向右的两个箭头表示剖切方向，结果如图 1-173 所示。

图 1-172　在剖切/截断位置绘制线段　　　　　　图 1-173　打断及编辑后的效果

（21）尺寸标注的准备工作。

在属性状态栏中，设置当前图层为 3，线型为"实线"（▬▬▬），线宽为标准细线，线框颜色为红色（颜色代号为 12）。

在"绘图"菜单中选择"尺寸标注"|"选项"命令，打开"尺寸标注设置"对话框，分别对标注的"尺寸属性""尺寸文字"和"引导线/延伸线"等进行设置。由读者根据制图标准进行相关设置。

为了便于使用快速标注功能进行相关尺寸标注，可以设置不启用网格。方法是在"屏幕"菜单中选择"网格设置"命令，打开"网格参数"对话框。在该对话框中确保取消勾选"启用网格"复选框，然后单击 ✓ （确定）按钮。

（22）快速标注尺寸。

单击 ┠ （快速标注）按钮，标注图 1-174 所示的尺寸。在执行快速标注的过程中，可以根据设计情况在"尺寸标注"操作栏中进行相关设置。对于"2×0.8"这类需要手动修改文本的尺寸，需用用到"尺寸标注"操作栏的 （调整文本）按钮以修改尺寸文本。

图 1-174　快速标注尺寸

（23）以注释文字的方式标一处倒角尺寸。

在菜单栏中选择"绘图"|"尺寸标注"|"注释文字"命令，系统弹出"注释文字"对话框。在"创建"选项组中选择"标签同-单一引线"单选按钮，在文本框中输入 C2，如图 1-175 所示。

图 1-175　"注释文字"对话框

在"注释文字"对话框中单击 （确定）按钮。在提示下指定引导线箭头位置，以及指定文本位置，如图 1-176 所示。

图 1-176　指定引导线箭头位置和文本位置

（24）继续以注释文字的方式标注其他倒角尺寸。

使用同样的方法，以注释文字的方式标注其他两处倒角尺寸，如图 1-177 所示。

图 1-177　以注释文字方式标注其他倒角尺寸

（25）保存文件。

第2篇

Mastercam
三维造型

　　本书第二部分主要介绍 Mastercam 三维造型的应用知识，包括曲面设计和三维实体设计。曲面和三维实体在实际设计中应用较多，需要读者重点掌握。在三维造型时，需要对构图面、构图深度和视角进行设置，以能够准确地绘制和观察三维图形，这些操作技巧被融入到相关设计范例中。

第2章 曲面设计

本章导读：

　　本章首先介绍曲面设计的主要知识点，如常用曲面的创建方法、曲面编辑和空间曲线应用等；接着介绍若干个简单曲面的绘制实例，包括五角星曲面、扭杆曲面和药壶曲面造型，然后介绍若干个复杂曲面的绘制实例，包括鼠标曲面、叶片曲面、玩具车轮曲面、纯净水瓶子整体曲面和烟灰缸曲面造型。

2.1　知识点概述

　　本章主要的知识点包括常用曲面的创建方法、曲面编辑和空间曲线应用。

2.1.1　曲面的创建方法

　　在 Mastercam X9 系统中，提供了丰富的曲面创建命令。常见曲面的创建方法主要有"直纹/举升曲面""旋转曲面""曲面补正""扫描曲面""网状曲面""围篱曲面""牵引曲面"和"挤出曲面"等。这些创建常见曲面的命令位于"绘图"│"曲面"级联菜单中。

- "直纹/举升曲面"：通过指定多个截面线框来按照一定的算法顺序进行连接，以生成相应的直纹曲面或举升曲面。直纹曲面与举升曲面的区别在于：直纹曲面产生的是一个线性的熔合曲面，各截断面外形之间按顺序以直线相连接；举升曲面则产生的是一个"流线形"样式的熔合曲面，各截断面外形之间按顺序以光滑曲线相连接。

- "旋转曲面"：以所定义的串连外形绕着指定的旋转轴旋转一定角度来形成曲面。要创建旋转曲面，需要先准备好母线（串连外形）和旋转轴线。

- "曲面补正"：将选定曲面沿着其法线方向移动一定距离，可以移动曲面也可以复制曲面。

- "扫描曲面"：以截面外形沿着一个或两个轨迹（切削方向外形）运动来产生曲面。

- "网状曲面"：通过选择所需的串连图素来生成网状曲面。

- "围篱曲面"：通过曲面上的指定边来生成与原曲面垂直或成给定角度的直曲面。

- "牵引曲面"：以当前的构图面为牵引平面，将一条或多条外形轮廓按照设定的方式

（如指定长度和角度，也可将其牵引到指定的平面）牵引出曲面。

- "拉伸曲面"：可以将一个基本封闭的线框沿着与之垂直的轴线移动而生成曲面，该曲面可包含前后两个形成封闭图形的平曲面。

另外，对于球面、圆柱面、圆锥面等曲面，可以采用专门的创建命令来创建，在创建过程中需要在相应的对话框中选择"曲面"单选按钮并设置相关的参数。这些专门的创建命令位于"基础绘图"工具栏（简称"绘图"工具栏）中，如图 2-1 所示，包括"画圆柱体""画圆锥体""画立方体""画球形"和"画圆环体"。

图 2-1 "绘图"工具栏

还可以由实体生成曲面，即可以从实体造型中指定所需的表面来产生曲面，在执行该功能时，可以设置保留原始实体，也可以设置删除原始实体。

2.1.2 曲面编辑

Mastercam X9 的曲面编辑功能也十分强大且应用较为灵活。本书所述的曲面编辑知识包括"曲面圆角""曲面修剪""曲面延伸""延伸修剪曲面到边界""平面修剪""填补内孔""恢复到边界""分割曲面""恢复修剪""两曲面熔接""三曲面间熔接"和"三圆角曲面熔接"等。

其中，曲面圆角的方式有 3 种，即"曲面与曲面圆角""曲线与曲面"和"曲面与平面"。"曲面与曲面圆角"是指在两个曲面之间创建一个光滑过渡的曲面，要求所选择的曲面的法向相交；"曲线与曲面"是指在曲面与曲线间创建圆角曲面；"曲面与平面"是指在曲面与平面之间产生过渡圆角。

曲面修剪包括"修剪至曲面""修剪至曲线"和"修剪至平面"。

2.1.3 空间曲线应用

除了创建二维曲线之外，还可以创建空间曲线。空间曲线的巧妙应用，对于某些曲面造型的构造很有帮助。在菜单栏的"绘图"│"曲面曲线"级联菜单中提供了"单一边界""所有曲线边界""缀面边线""曲面流线""动态绘曲线""曲面剖切线""曲面曲线""分模线"和"曲面交线"命令，如图 2-2 所示。

- "单一边界"：由被选曲面的边界生成边界曲线。
- "所有曲线边界"：在所选实体表面、曲面的所有边界处生成空间曲线。
- "缀面边线"：在曲面上沿着曲面的一个或两个常量参数方向的指定位置生成曲线。
- "曲面流线"：沿着一个完整曲面在常量参数方向上一次构建多条曲线。

图 2-2 "绘图" | "曲面曲线" 级联菜单

- "动态绘曲线"：可以在指定曲面上通过依次指定若干点来绘制曲线。
- "曲面剖切线"：根据剖切面与曲面相交的界线来创建曲线，既可以是剖切面与曲面的交线，也可以是其交线偏移曲面（设置补正值非零时）形成的曲线。
- "曲面曲线"：选择曲线去转换为曲面曲线。
- "分模线"：该命令用于制作分型模具的分模线，即在曲面的分模边界处构建一条曲线。
- "曲面交线"：可以在指定的两组曲面的相交处创建曲线。

2.2 绘制简单曲面实例

本节将介绍几个简单曲面的绘制实例，包括绘制五角星曲面、绘制扭杆曲面和绘制药壶曲面造型。

2.2.1 绘制五角星曲面

绘制的五角星曲面如图 2-3 所示。该实例的具体操作步骤如下。

（1）新建一个图形文件。

在工具栏中单击 □（新建）按钮，或者从菜单栏的"文件"菜单中选择"新建"命令，从而新建一个 Mastercam X9 文件。

（2）设置相关属性状态。

默认的绘图面为俯视图，构图深度 Z 值为 0，"层别"为 1，接着在属性状态栏的线型列表框中选择"实

图 2-3 绘制五角星曲面

线"线型，线宽为细线，并设置曲面颜色为红色（颜色代号为12）。

（3）绘制圆周点。

在"绘图"菜单中选择"圆周点/小圆"命令，此时系统提示"选择基准点位置"。在"自动抓点"工具栏中单击"快速绘点"按钮，在出现的坐标输入框中输入"0,0"，并按〈Enter〉键确认，系统弹出"圆周点"对话框。在 ⊘（圆周半径）文本框中输入圆周半径为25，在"图案"选项组中勾选"整个圆周"复选框，选择 （角度）单选按钮，并设置角度增量为72，在 （起始角度）文本框中设置起始角度为0，在"创建图形"选项组中只勾选"点位"复选框，如图 2-4 所示。在本例中，读者也可以在"图案"选项组中勾选"整个圆周"复选框之后，选择 （圆周分布数量）单选按钮，接着输入圆周分布数量为5。

最后单击"圆周点"对话框的 （确定）按钮，完成绘制的沿着圆周均布的 5 个点如图 2-5 所示。

图 2-4 "圆周点"对话框　　　　　图 2-5 绘制的圆周点

（4）绘制直线。

在"绘图"工具栏中单击 （绘制任意线）按钮，绘制图 2-6 所示的若干条直线。

（5）修剪图形。

在工具栏中单击 （修剪/打断/延伸）命令，系统弹出"修剪/打断/延伸"操作栏，确保选中 （修剪）按钮和 （分割物体）按钮，将图形修剪成图 2-7 所示。

图 2-6　绘制直线

图 2-7　修剪图形

（6）设置构图深度。

在属性状态栏中，将构图深度 Z 设置为 5，如图 2-8 所示。

图 2-8　设置构图平面

（7）绘制一个点。

单击 ┿ （绘点）按钮，接着单击 ⁺⁄ （快速绘点）按钮，在出现的坐标输入框中输入"0,0"，并按〈Enter〉键确认。在"点"操作栏中单击 ✓ （确定）按钮。

（8）将视图设置为等角视图，并设置层别。

单击 ⬡ （等视图）按钮。将视图设置为等角视图，如图 2-9 所示。

在属性状态栏中，将"层别"设置为 2。

（9）创建举升曲面。

在菜单栏中选择"绘图"|"曲面"|"直纹/举升曲面"命令，系统弹出"串连选项"对话框，选中 ⬭ （单体）按钮，如图 2-10 所示。

图 2-9　等角视图

图 2-10　"串连选项"对话框

在图 2-11a 所示的位置处单击以定义外形 1，接着单击图 2-11b 所示的单个点。然后在"串连选项"对话框中单击 （确定）按钮。

a)   b)

图 2-11　定义外形 1 和外形 2

a) 定义外形 1　b) 单击中间的点定义外形 2

在出现的"直纹/举升"操作栏中单击 田 （举升）按钮，如图 2-12 所示。然后单击 ⊕（应用）按钮，创建的举升曲面如图 2-13 所示。

图 2-12　"直纹/举升"操作栏

图 2-13　创建举升曲面

系统弹出"串连选项"对话框，选中 ╱ （单体）按钮，分别选择图形定义举升曲面的外形 1 和外形 2，如图 2-14 所示，然后在"串连选项"对话框中单击 ☑ （确定）按钮。在"直纹/举升"操作栏中单击 田 （举升）按钮，然后单击 ☑ （确定）按钮，完成创建的举升曲面如图 2-15 所示。

图 2-14　定义举升曲面的外形 1 和外形 2

图 2-15　完成创建两处举升曲面

（10）旋转复制。

在菜单栏中选择"转换"|"旋转"命令，选择两个举升曲面，按〈Enter〉键确定。

系统弹出"旋转"对话框，选择"复制"单选按钮，设置"次"数为 4，选择"角度之间"单选按钮，在 ∠ 文本框中输入 72，并选择"旋转"单选按钮，如图 2-16 所示。可以单击 ✥ （定义旋转的中心）按钮，选择原点作为旋转的中心。

在"旋转"对话框中单击 （确定）按钮，结果如图 2-17 所示。

图 2-16　"旋转"对话框

图 2-17　旋转复制的效果

（11）隐藏直线和点。

在属性状态栏中单击"层别"选项标签，打开"层别管理"对话框。在"层别管理"对话框中单击层别 1 的"高亮"单元格，以设置不显示层别 1 的图形（或称图素），单击　　（确定）按钮。

（12）清除颜色。

在菜单栏中选择"屏幕"|"清除颜色"命令。此时，可以通过 ◯（边线着色）按钮和 ⬤（图形着色）按钮来分别观察三维曲面的着色效果。

（13）保存文件。

2.2.2　绘制扭杆曲面

绘制的扭杆曲面如图 2-18 所示。

图 2-18　扭杆曲面

该实例的具体操作步骤如下。

（1）新建一个图形文件。

在工具栏中单击 □（新建）按钮，或者从菜单栏的"文件"菜单中选择"新建"命令，从而新建一个 Mastercam X9 文件。

（2）设置相关属性状态。

默认的绘图面为俯视图，构图深度 Z 值为 0，"层别"为 1，接着在属性状态栏的线型列表框中选择"实线"线型，设置线框颜色为红色（颜色代号为 12）。

（3）以原点为中心，绘制图 2-19 所示的图形，图中给出了主要尺寸。辅助中心线仅作为绘图参考。

（4）将视图设置为等角视图。

单击 ◻（等角视图）按钮，将视图设置为等角视图。

（5）平移复制。

在菜单栏中选择"转换"｜"平移"命令，系统出现"平移/阵列：选择要平移/阵列的图形"的提示信息。使用鼠标指定两个对角点框选所有的图形，按〈Enter〉键确认。

系统弹出"平移"对话框。在该对话框中设置图 2-20 所示的选项及参数，然后单击 ◻（确定）按钮。平移复制的结果如图 2-21 所示。此时可以在菜单栏中选择"屏幕"｜"清除颜色"命令。

图 2-19　绘制图形

图 2-20　"平移"对话框

图 2-21　平移复制的结果

（6）设置属性状态栏的相关内容。

设置属性状态栏的相关属性："层别"为 2，将曲面颜色设置为绿色（代号为 10）。

（7）创建举升曲面。

在菜单栏中选择"绘图"|"曲面"|"直纹/举升曲面"命令，系统弹出"串连选项"对话框，选中 ⚭（串连）按钮，依次指定图 2-22 所示的外形串连，然后单击"串连选项"对话框中的 ✓（确定）按钮。

a)   b)   c)

图 2-22   定义外形串连

a) 选择外形串连 1   b) 选择外形串连 2   c) 选择外形串连 3

在"直纹/举升"操作栏中单击 ⊞（举升）按钮，如图 2-23 所示。

图 2-23   警告信息

在"直纹/举升"操作栏中单击 ✓（确定）按钮，绘制的扭杆曲面如图 2-24 所示。

（8）隐藏线架。

在属性状态栏中单击"层别"选项标签，打开"层别管理"对话框。在"层别管理"对话框中单击层别 1 的"高亮"单元格，以设置不显示层别 1 的图素，单击 ✓（确定）按钮。隐藏截面线架曲线后的效果如图 2-25 所示。

图 2-24   绘制的扭杆曲面   图 2-25   隐藏截面线架后的效果

（9）保存文件。

2.2.3 绘制药壶曲面造型

绘制的药壶曲面造型如图 2-26 所示。该实例的具体操作步骤如下。

图 2-26　绘制的药壶曲面造型

（1）新建一个图形文件。

在工具栏中单击 □（新建）按钮，或者从菜单栏的"文件"菜单中选择"新建"命令，从而新建一个 Mastercam X9 文件。

（2）设置相关属性状态。

默认的绘图面为俯视图，视角为俯视，构图深度 Z 值为 0，"层别"为 1，接着在属性状态栏的线型列表框中选择"实线"线型，设置线框颜色为红色（颜色代号为 12），线宽可根据情况灵活确定。

（3）绘制图 2-27 所示的图形，图中给出了主要的参考尺寸。

图 2-27　绘制二维图形

（4）将视图调整为等角视图。

在"绘图视角"工具栏中单击 ◻（等视图）按钮，从而将视图设置为等角视图，如图 2-28 所示。

（5）设置绘图平面。

在图 2-29 所示的"平面"工具栏中单击 ▾（下三角）按钮，接着在出现的下拉列表菜单中选择 （右视图）选项。

图 2-28 等角视图

图 2-29 选择"右视图"为绘图平面

（6）绘制两个截面外形。

在菜单栏中选择"绘图"|"绘弧"|"已知圆心点画圆"命令，打开"编辑圆心点"操作栏。设置半径为 5，选择图 2-30 所示的圆弧端点作为圆心位置，单击 （确定）按钮。

在菜单栏中选择"绘图"|"椭圆"命令，系统弹出"椭圆"对话框。在该对话框中设置图 2-31 所示的半轴长度尺寸。注意确保绘图平面为"右视图"，在等角视图视角下使用鼠标单击图 2-32 所示的圆弧端点作为椭圆的基准点位置，然后在"椭圆"对话框中单击 （确定）按钮，绘制的椭圆如图 2-33 所示。

图 2-30 指定圆心位置

图 2-31 "椭圆"对话框

图 2-32 选取基准点位置

图 2-33 绘制一个椭圆

（7）设置新的绘图平面。

在"平面"工具栏中单击▾（下三角）按钮，接着在出现的下拉列表菜单中选择▥（前视图）按钮。

（8）在前视图构图面下绘制一个椭圆。

在菜单栏中选择"绘图"|"椭圆"命令，系统弹出"椭圆"对话框。在该对话框中单击位于对话框标题栏上的▼（展开对话框）按钮以使该对话框显示更多内容，此时▲（折叠对话框）按钮替换了▼（展开对话框）按钮。设置椭圆的参数，如图 2-34 所示，接着在绘图区选择基准点位置，如图 2-35 所示。然后在"椭圆"对话框中单击 ✓（确定）按钮。

图 2-34 "椭圆"对话框

图 2-35 选取基准点位置

（9）设置属性状态栏的属性。

在属性状态栏中进行图 2-36 所示的设置，注意设置当前"层别"为 2。另外，要注意单击▥（俯视图）按钮以调整绘图平面。

图 2-36 设置属性状态栏的属性

（10）创建旋转曲面。

在菜单栏中选择"绘图"|"曲面"|"旋转曲面"命令，系统弹出"串连选项"对话框，选择 ⊂⊃（串连）方式按钮，选择图 2-37 所示的轮廓曲线，然后单击"串连选项"对话框中的 ✓（确定）按钮。

选择旋转轴，如图 2-38 所示，然后在"旋转曲面"操作栏中单击 ✓（确定）按钮。

图2-37　选择轮廓曲线　　　　　　　　　图2-38　选择旋转轴

单击●（图形着色）按钮，可以看到完成创建的旋转曲面如图 2-39a 所示。如果单击⊕（线框）按钮，则可以看到此曲面的线框显示效果如图 2-39b 所示。

a)　　　　　　　　　　　　　b)

图2-39　创建旋转曲面

a) 着色显示　b) 线框显示

（11）创建扫描曲面1。

在菜单栏中选择"绘图"|"曲面"|"扫描曲面"命令，系统弹出"串连选项"对话框。在该对话框中选择 ◎◎◎（串连）方式按钮，并在"扫描曲面"操作栏中单击 ⌀（旋转）按钮，选择图 2-40 所示的圆作为扫描截面外形，单击"串连选项"对话框中的 ✓（确定）按钮。接着选择图 2-41 所示的圆弧作为扫描曲面的扫描引导方向外形（扫描轨迹）。

图2-40　选择扫描截面外形　　　　　　　图2-41　选择引导方向外形

在"扫描曲面"操作栏中单击 （确定）按钮，创建的扫描曲面 1 如图 2-42 所示。可以单击 （动态旋转）按钮来动态调整模型视角。

图 2-42　扫描曲面 1

（12）创建扫描曲面 2。

在菜单栏中选择"绘图"|"曲面"|"扫描曲面"命令，系统弹出"串连选项"对话框。选择 （串连）方式按钮，选择图 2-43 所示的扫描截面外形 1 和扫描截面外形 2，务必注意两个截面外形的串连方向一致。然后单击"串连选项"对话框中的 （确定）按钮。

扫描曲面：定义 截断方向外形

扫描曲面：定义 截面方向串连 2

图 2-43　选择两个扫描截面外形

选择图 2-44 所示的圆弧作为引导方向外形（扫描轨迹路径）。

扫描曲面：定义 引导方向外形

图 2-44　选择引导方向外形

在"扫描曲面"操作栏中单击 （确定）按钮，创建的扫描曲面 2 如图 2-45 所示。

图2-45　创建扫描曲面2

（13）隐藏层别1上的图素。

在状态栏中单击"层别"选项标签，弹出"层别管理"对话框，在列表中设置不显示层别1的图素，单击 （确定）按钮。

（14）修剪曲面。

在菜单栏中选择"绘图"|"曲面"|"曲面修剪"|"修剪至曲面"命令，系统出现"选择第一个曲面或按〈Esc〉键退出"的提示信息，选择图2-46a所示的扫描曲面作为第一组曲面，按〈Enter〉键确定；接着系统出现"选择第二个曲面或〈Esc〉键退出"的提示信息，选择图2-46b所示的4处曲面片，按〈Enter〉键确定。

图2-46　选择两组曲面

a) 选择第一组曲面　b) 选择第二组曲面

在"曲面至曲面"操作栏中设置图2-47所示的选项。

图2-47　"曲面至曲面"操作栏

在第一组曲面中单击图2-48所示的部位，接着通过鼠标来调整曲面修剪后要保留的位置（曲面上显示的箭头指示保留位置），如图2-49所示。

图 2-48　选取曲面去修剪（第一组）

图 2-49　调整曲面修剪后保留的位置（第一组）

在第二组曲面中单击图 2-50 所示的曲面部位，接着通过鼠标来调整曲面修剪后要保留的位置，如图 2-51 所示。

图 2-50　选取曲面去修剪（第二组）

图 2-51　调整曲面修剪后要保留的位置（第二组）

在"曲面至曲面"操作栏中单击 ⊕（应用）按钮，修剪结果如图 2-52 所示（线架显示）。

使用同样的方法再选择两组要修剪的曲面，并分别指出保留区域等，最后的修剪结果如图 2-53 所示。

图 2-52　曲面与曲面修剪

图 2-53　最后的修剪结果

（15）曲面圆角。

在菜单栏中选择"绘图"|"曲面"|"曲面圆角"|"曲面与曲面"命令，选择第一个曲

面，按〈Enter〉键确定，接着选择第二个曲面，如图 2-54 所示，按〈Enter〉键确定。

选择第二个曲面或按〈Esc〉键退出

选择第一个曲面或按〈Esc〉键退出

图 2-54　选择要倒圆角的两组曲面

系统弹出"曲面与曲面倒圆角"对话框，默认时若找不到圆角则系统会弹出一个"警告"对话框（这是由于默认时圆角过大或曲面法向不一致导致的），此时在"警告"对话框中单击"确定"按钮。接着在"曲面与曲面倒圆角"对话框中设置圆角半径为 15，并勾选"修剪"复选框，如图 2-55 所示。如果在"图形"选项组中单击 ←⊞→（法向切换）按钮，系统出现图 2-56 所示的提示信息，并在所选曲面中显示其法向。

图 2-55　出现的对话框

单击曲面去更改法向，按〈Esc〉键完成。

图 2-56　单击"法向切换"按钮后

分别单击曲面以改变其法向，结果如图 2-57 所示，按〈Enter〉键确定。在"曲面与曲面倒圆角"对话框中勾选"自动预览"复选框，则自动预览的圆角效果如图 2-58 所示。在"曲面与曲面倒圆角"对话框中单击 ✓（确定）按钮。

图 2-87 更改曲面法向　　　　　　　图 2-58 预览的圆角效果

（16）保存文件。

2.3　绘制复杂曲面实例

本节将介绍几个复杂曲面的绘制实例，包括鼠标曲面、叶片曲面、玩具车轮曲面、纯净水瓶整体曲面和烟灰缸曲面造型。

2.3.1　绘制特殊鼠标曲面

绘制的特殊鼠标曲面造型如图 2-59 所示。在该范例中主要应用了 Mastercam X9 曲面造型中的旋转曲面、举升曲面、扫描曲面和曲面修剪等功能。

图 2-59　鼠标曲面

该实例的具体操作步骤如下。

（1）新建一个图形文件。

在工具栏中单击 （新建）按钮，或者从菜单栏的"文件"菜单中选择"新建"命令，从而新建一个 Mastercam X9 文件。

（2）设置相关属性状态。

默认的绘图面为俯视图，视角为俯视，构图深度 Z 值为 0，"层别"为 1，接着在属性状态栏的线型列表框中选择"实线"线型，线框颜色自定（例如将线框颜色设置代号为 12 的红色），线宽根据情况灵活确定。

（3）绘制二维图形。

首先单击 （已知圆心点画圆）按钮，绘制图 2-60 所示的两个圆，其中一个圆的直径为64，另一个圆的直径为32，注意两个圆的圆心点位坐标值。

单击 ✎（绘制任意线）按钮，打开"直线"操作栏。在"直线"操作栏中单击 ✎（相切）按钮，使用鼠标分别单击两个圆来绘制相切直线，注意单击的位置决定了相切直线，一共绘制两条相切直线，单击 ➕（应用）按钮，完成的相切直线如图 2-61 所示。

图 2-60　绘制两个圆

图 2-61　绘制相切直线

接着在"直线"操作栏中单击 ✎（相切）按钮，以取消该按钮的选中状态。使用鼠标在绘图区选择两点绘制一条直线，单击 ✔（确定）按钮，结果如图 2-62 所示。

单击 ✎（修剪/打断/延伸）按钮，利用打开的"修剪/延伸/打断"操作栏中的相关功能按钮来修剪图形，修剪结果如图 2-63 所示。

图 2-62　绘制一条直线

图 2-63　修剪图形

绘制图 2-64 所示的图形，接着在菜单栏中选择"绘图"｜"圆角"｜"圆角"命令，打开"圆角"操作栏，设置圆角半径为 6，选中 ⬜（修剪）按钮，圆角类型选项为"常规"，分别选择两图形绘制图 2-65 所示的两个圆角。

图 2-64　绘制图形

图 2-65　绘制两个圆角

（4）串连补正。

在菜单栏中选择"转换"｜"串连补正"命令，系统弹出"串连选项"对话框。在该对话框中选中 ⚭（串连）方式按钮，接着使用鼠标在绘图区单击图 2-66 所示的图素，然后单击"串连选项"对话框中的 ✔（确定）按钮。

系统弹出"串连补正选项"对话框。在"串连补正选项"对话框中选择"复制"单选按钮，设置"次"数为 1，在"距离"选项组中选择"增量坐标"单选按钮，在文本框中输入 6，在"转角"选项组中选择"全部"单选按钮，设置串连补正方向为外侧，如图 2-67 所示。

在"串连补正选项"对话框中单击 ✓（确定）按钮。此时，可以在菜单栏中选择"屏幕"|"清除颜色"命令。

图 2-66　指定要补正的串连图形

图 2-67　设置串连补正参数

（5）以平移的方式获得所需的一个封闭的平面曲线。

在"绘图视角"工具栏中单击 （等视图）按钮。

在菜单栏中选择"转换"|"平移"命令，系统提示"平移/阵列：选择要平移/阵列的图形"。使用鼠标在绘图区选择图 2-68 所示的闭合图形（可以一段一段地选择）。选择好所需的图形后，按〈Enter〉键确认。

系统弹出"平移"对话框，设置图 2-69 所示的参数，然后单击 ✓（确定）按钮。

（6）在前视图绘图平面中绘制曲线。

在"绘图视角"工具栏中单击 （前视图）按钮，将绘图平面设置为前视图，构图深度 Z 为 0。

图 2-68　选择要平移的图形

图 2-69　设置平移参数

单击 ◢ （绘制任意线）按钮，打开"直线"操作栏，绘制图 2-70 所示的一小段直线段。

在菜单栏中选择"绘图"|"绘弧"|"两点画弧"命令，打开"两点画弧"操作栏。在"两点画弧"操作栏中选中 ◢ （相切）按钮，设置圆弧半径为 73，使用鼠标拾取图 2-71 所示的线段左端点。

图 2-70　绘制一小段直线段

图 2-71　指定圆弧第一点

按空格键，在图 2-72 所示的文本框中输入"22,32.2"，按〈Enter〉键确认。接着选取图 2-73 所示的圆弧。

图 2-72　输入第二点的坐标

图 2-73　选取圆弧

在"两点画弧"操作栏中单击 ✅ （确定）按钮，绘制的圆弧如图 2-74 所示。

图 2-74 绘制圆弧

（7）在右视图绘图平面中绘制曲线。

在"绘图视角"工具栏中单击 📦（右视图）按钮，将绘图平面设置为右视图，将构图深度 Z 设置为 80。

在"绘图"菜单中选择"绘弧"|"极坐标圆弧"命令，在出现的图 2-75 所示的"已知圆心，极坐标画弧"操作栏（也称"极坐标圆弧"操作栏）中设置"圆弧半径"为 6，"起始角度"为 180，"终止角度"为 360。

图 2-75 "已知圆心，极坐标画弧"操作栏

在"自动抓点"工具栏中单击 ✦（快速绘点）按钮，接着在相应的文本框中输入"0,20.2"，如图 2-76 所示，按〈Enter〉键确认。

| 0,20.2 | ✦ ✦ ✕ ▾ ◎ |

图 2-76 "自动抓点"工具栏

在"已知圆心，极坐标画弧"操作栏中单击 ✅（确定）按钮，绘制的该段圆弧如图 2-77 所示。

如果在"绘图视角"工具栏中单击 📦（等视图）按钮，则可以看到为创建相关曲面而绘制的曲线如图 2-78 所示。

图 2-77 绘制一段圆弧

图 2-78 绘制的曲线

（8）设置图层、图素颜色等。

在属性状态栏中将"层别"设置为 2，接受默认的曲面颜色设置。

（9）创建旋转曲面。

在"绘图"菜单中选择"曲面"|"旋转曲面"命令，系统弹出"串连选项"对话框。在
"串连选项"对话框中单击 （单体）按钮，勾选"接续"复选框，如图 2-79 所示。使
用鼠标分别单击图 2-80 所示的曲线段 1、2 和 3，以定义用于旋转的连续轮廓线。

图 2-79 "串连选项"对话框　　　　　　　图 2-80 定义用于旋转的串连轮廓

在"串连选项"对话框中单击 ✓（确定）按钮。系统弹出图 2-81 所示的"旋转曲
面"操作栏。

图 2-81 "旋转曲面"操作栏

选取图 2-82 所示的直线作为旋转轴，在"旋转曲面"操作栏中单击 ✓（确定）按钮，
创建的旋转曲面如图 2-83 所示。

图 2-82 选取旋转轴　　　　　　　　　　　图 2-83 创建旋转曲面

（10）创建举升曲面。

在"绘图"菜单中选择"曲面"|"直纹/举升曲面"命令，系统弹出"串连选项"对话框。在"串连选项"对话框中设置图 2-84 所示的串连选项，在绘图区分别选择串连外形 1和串连外形 2，注意两个串连外形的串连起始点及其方向应该要保持一致，如图 2-85 所示。

图 2-84 设置串连选项

图 2-85 选择串连外形 1 和串连外形 2

在"串连选项"对话框中单击 ✓（确定）按钮。在出现的图 2-86 所示的"直纹/举升"操作栏中单击 （举升）按钮，然后单击 ✓（确定）按钮。

图 2-86 "直纹/举升"操作栏

创建的举升曲面如图 2-87 所示。

图 2-87 创建的举升曲面

（11）创建扫描曲面。

在"绘图"菜单中选择"曲面"|"扫描曲面"命令，打开"扫描曲面"操作栏，在该操作栏中设置图 2-88 所示的按钮选项。

图 2-88 "扫描曲面"操作栏

选择图 2-89 所示的圆弧定义截面方向外形，按〈Enter〉键确认。接着以串连的方式单击图 2-90 所示的线段来定义扫描引导轨迹。

图 2-89 定义截面方向外形　　　　　图 2-90 指定扫描引导轨迹

在"扫描曲面"操作栏中单击 （确定）按钮，创建的扫描曲面如图 2-91 所示。

图 2-91 绘制扫描曲面

（12）设置层别 1 不可见。

在属性状态栏中单击"层别"标签，打开"层别管理"对话框。在层别列表中单击层别 1 的"高亮"单元格，以清除表示可见标识，如图 2-92 所示。然后单击 （确定）按钮。

（13）曲面修剪 1 及删除一些多余的曲面。

在菜单栏中选择"绘图"|"曲面"|"曲面修剪"|"修剪至曲面"命令，选择第一组曲面，如图 2-93 所示，按〈Enter〉键确认。选择第二组曲面，如图 2-94 所示，按〈Enter〉键确认。

图 2-92 "层别管理"对话框

图 2-93 选择第 1 组曲面

图 2-94 选择第 2 组曲面

注意巧用图 2-95 所示的"曲面至曲面"操作栏中的相关按钮功能来执行两组曲面修剪，修剪后将一些多余的曲面删除，完成这些操作得到的结果如图 2-96 所示。

图 2-95 "曲面至曲面"操作栏

图 2-96 曲面修剪 1

（14）再次执行曲面修剪操作。

在菜单栏中选择"绘图"|"曲面"|"曲面修剪"|"修剪至曲面"命令，系统提示"选择第一个曲面或按〈Esc〉键退出"，选择图 2-97 所示的曲面 A 和曲面 B，按

〈Enter〉键确认。

　　系统提示"选择第二个曲面或按〈Esc〉键退出",选取图 2-98 所示的曲面,按〈Enter〉键确认。

选择第一个曲面或按〈Esc〉键退出

选择第二个曲面或按〈Esc〉键退出

图 2-97　选取曲面　　　　　　　　　　　图 2-98　选取第二曲面

　　在"曲面至曲面"操作栏中单击选中⬚（删除）按钮、⬚（两者）按钮和⬚（延伸曲线到边界）按钮。

　　单击图 2-99 所示的曲面,系统显示一个细长箭头标识,将该细长箭头标识移到需要保留的位置上,如图 2-100 所示,单击鼠标左键确定。

选择曲面去修剪 – 指出保留区域

图 2-99　选取曲面去修剪　　　　　图 2-100　将箭头移动至曲面修剪后保留到位置

　　单击图 2-101 所示的曲面,系统显示一个细长箭头标识,将该细长箭头标识移到需要保留的曲面位置上,如图 2-102 所示,单击鼠标左键确定。

选择曲面去修剪 – 指出保留区域

将箭头移动至曲面修剪后保留的位置

图 2-101　选取第二组要操作的曲面　　　图 2-102　将箭头移动至曲面修剪后保留到位置

然后在"曲面至曲面"操作栏中单击 ✓ （确定）按钮，修剪后的结果如图 2-103
所示。

图 2-103　曲面修剪的结果

（15）保存文件。

在菜单栏中选择"文件"|"保存"命令，在系统弹出的"另存为"对话框中选择要保存
的位置，指定文件名为"特殊鼠标曲面"，其扩展名为.MCX-9，然后单击"保存"按钮。

2.3.2 绘制叶片曲面

本范例介绍叶片曲面模型的绘制过程，要完成的叶片曲面模型如图 2-104 所示。在该范
例中主要应用到旋转曲面、牵引曲面、曲面交线和围篱曲面等功能。

图 2-104　绘制叶片曲面

（1）新建一个图形文件。

在工具栏中单击 （新建）按钮，或者从菜单栏的"文件"菜单中选择"新建"命令，
从而新建一个 Mastercam X9 文件。

（2）设置相关属性状态。

在属性状态栏中单击"层别"标签，打开"层别管理"对话框。在"层别号码"文本框
中输入 1，在"层别名称"文本框中输入"旋转截面与旋转轴"，如图 2-105 所示，然后在
"层别管理"对话框中单击 ✓ （确定）按钮，从而完成该图层设置。

图 2-105 "层别管理"对话框

在图 2-106 所示的属性状态栏中单击 （线框颜色）按钮，系统弹出"颜色"对话框，在该对话框的"颜色"选项卡中单击图 2-107 所示的红色，然后单击 ✓（确定）按钮。

线框颜色

Z 0.0 　　　　　层别 1：旋转截面与旋

图 2-106 属性状态栏

图 2-107 "颜色"对话框

在属性状态栏中单击"平面（绘图面/刀具面）"标签，接着从出现的图 2-108 所示的菜单中选择"前视图（WCS）"命令。

图 2-108　设置绘图平面

在属性状态栏中单击"屏幕视图"标签，接着从出现的屏幕视角菜单中选择"前视图"命令。将构图深度 Z 设置为 0，线型为实线，线宽自定。

（3）绘制旋转截面和旋转轴。

在菜单栏中选择"绘图"|"绘线"|"任意线"命令，输入第一点坐标为（X0,Y0），第二点坐标为（X0,Y80），单击 ☑ （确定）按钮。

在菜单栏中选择"绘图"|"绘弧"|"两点画弧"命令，打开"两点画弧"操作栏，设置圆弧半径为 120，指定第一点坐标为（X10,Y80），第二点坐标为（X80,Y0），在绘图区选择图 2-109 所示的圆弧作为所需圆弧，然后在"两点画弧"操作栏中单击 ☑ （确定）按钮。

完成的旋转截面和旋转轴如图 2-110 所示。

图 2-109　选取所需圆弧

图 2-110　绘制的旋转截面与旋转轴

（4）创建旋转曲面。

在属性状态栏中单击"层别"标签，打开"层别管理"对话框。在"层别号码"文本框中输入 2，在"名称"文本框中输入"旋转曲面"，然后在"层别管理"对话框中单击 ☑

（确定）按钮，从而完成该新图层设置。

在属性状态栏中单击 （曲面颜色）按钮，将曲面颜色设置为 3 号颜色。

在菜单栏中选择"绘图"|"曲面"|"旋转曲面"命令，系统弹出"串连选项"对话框。选择 （串连）按钮，选择图 2-111 所示的圆弧作为轮廓曲线，按〈Enter〉键确定，接着选择竖直直线作为旋转轴，起始角度设置为 0，终止角度设置为 360，在"旋转曲面"操作栏中单击 （确定）按钮。创建好的旋转曲面如图 2-112 所示（以等视图显示的效果）。

图 2-111 选取轮廓曲线

图 2-112 旋转曲面

（5）绘制一条用于创建牵引曲面的辅助线。

在属性状态栏中单击"层别"标签，打开"层别管理"对话框。在"层别号码"文本框中输入 3，在"名称"文本框中输入"牵引曲面"，然后在"层别管理"对话框中单击 （确定）按钮，从而完成该新图层设置。线框颜色保持为红色（颜色代号为 12）。

在"绘图视角"工具栏中单击 （俯视图）按钮，从而将视角设置为俯视图，绘图平面也为俯视图。默认的构图深度 Z 为 0。

在菜单栏中选择"绘图"|"绘弧"|"极坐标圆弧"命令，在出现的操作栏中设置半径为 80，起始角度为 90，终止角度为 180，如图 2-113 所示。

图 2-113 "已知圆心，极坐标圆弧"操作栏

利用"自动抓点"工具栏的坐标输入功能输入圆心坐标为（X80,Y0），在"已知圆心，极坐标圆弧"操作栏中单击 （确定）按钮。

绘制的圆弧如图 2-114 所示。

图 2-114 绘制圆弧

（6）构建牵引曲面。

在菜单栏中选择"绘图"|"曲面"|"牵引曲面"命令，系统弹出"串连选项"对话框，采用默认的串连方式，选择上步骤所绘制的圆弧，单击"串连选项"对话框中的 ✔️（确定）按钮。

系统弹出"牵引曲面"对话框，在该对话框中设置图 2-115 所示的选项及参数，然后单击 ✔️（确定）按钮。创建的牵引曲面如图 2-116 所示（以等视图显示）。

图 2-115 "牵引曲面"对话框

图 2-116 创建牵引曲面

（7）创建曲面交线。

在属性状态栏中单击"层别"标签，打开"层别管理"对话框。在"层别号码"文本框中输入 4，在"名称"文本框中输入"曲面交线"，然后在"层别管理"对话框中单击 ✔️（确定）按钮，从而完成该新图层设置。

在菜单栏中选择"绘图"|"曲面曲线"|"曲面交线"命令，选择旋转曲面，按〈Enter〉键确定，接着选择牵引曲面，按〈Enter〉键确定，注意在"曲面交线"操作栏设置图 2-117 所示的选项及参数。

图 2-117 "曲面交线"操作栏

在"曲面交线"操作栏中单击 ✔️（确定）按钮，创建的曲面交线如图 2-118 所示。

（8）隐藏相关图层中的图素。

在属性状态栏中单击"层别"标签，打开"层别管理"对话框。设置图层 1 和图层 3 为不可见，另外，在"层别号码"文本框中输入 5，在"名称"文本框中输入"叶片"，单击 ✔️（确定）按钮。

（9）构建单个叶片。

在菜单栏中选择"绘图"|"曲面"|"围篱曲面"命令，选择旋转曲面，接着选择曲面

交线，如图 2-119 所示，按〈Enter〉键确认。

图 2-118　创建的曲面交线　　　　　　　　　　图 2-119　选择曲面交线

在"创建围篱曲面"操作栏中设置图 2-120 所示的选项参数，然后单击 √（确定）按钮。

图 2-120　设置围篱曲面参数

（10）设置曲面交线不可见。

在属性状态栏中单击"层别"标签，打开"层别管理"对话框。增加设置图层 4（图层名称为"曲面交线"）为不可见，单击 √（确定）按钮。

（11）以旋转的方式复制出其他叶片。

注意绘图平面为俯视图。

在菜单栏中选择"转换"|"旋转"命令，选择第一个叶片，按〈Enter〉键确认。系统弹出"旋转"对话框，从中设置图 2-121a 所示的选项及参数，注意确保旋转轴线是所需的。在"旋转"对话框中单击 √（确定）按钮，完成旋转复制后的叶片效果如图 2-121b 所示。

（12）保存文件。

在菜单栏中选择"屏幕"|"清除颜色"命令后，再在菜单栏中选择"文件"|"保存"命令，在系统弹出的"另存为"对话框中选择要保存的位置，指定文件名为"绘制叶片曲面模型"，其扩展名为".MCX-9"，然后单击"保存"按钮。

a)   b)

图 2-121 旋转复制以完成所有叶片曲面

a) "旋转" 对话框 b) 叶片曲面

2.3.3 玩具车轮曲面

本范例介绍一种玩具车轮曲面的绘制过程，要完成的玩具车轮曲面如图 2-122 所示。在该范例中主要应用了 Mastercam X9 曲面造型中的旋转曲面、举升曲面（或挤出曲面）、曲面修剪和旋转复制等功能。

图 2-122 玩具车轮曲面

（1）新建一个图形文件。

在工具栏中单击 □（新建）按钮，或者从菜单栏的 "文件" 菜单中选择 "新建" 命令，从而新建一个 Mastercam X9 文件。

（2）设置相关属性状态。

在属性状态栏中单击"层别"标签，打开"层别管理"对话框。在"层别号码"文本框中输入 1，在"名称"文本框中输入"车轮旋转截面外形"，然后在"层别管理"对话框中单击 ✓ （确定）按钮，从而完成该图层设置。

将线框颜色设置为红色，绘图平面（构图面）为"前视图"，构图深度为 0，屏幕视角也是"前视图"，线型为实线，线宽为细线形式。

（3）绘制车轮旋转截面的主外形轮廓。

在菜单栏中选择"绘图"|"绘线"|"任意线"命令，打开"直线"操作栏。绘制图 2-123 所示的两条连续线。其中左边倾斜的线段与水平线的最小夹角均为 45°。

图 2-123　绘制两条连续线

在菜单栏中选择"绘图"|"绘弧"|"两点画弧"命令，打开"两点画弧"操作栏，设置圆弧半径为 200，如图 2-124 所示。

图 2-124　"两点画弧"操作栏

使用鼠标选择图 2-125 所示的 P1 和 P2，接着根据系统提示选择要保留的圆弧。

图 2-125　两点画弧

在"两点画弧"操作栏中单击 ✓ （确定）按钮，绘制的圆弧如图 2-126 所示。

图 2-126　绘制圆弧

在菜单栏中选择"绘图"|"圆角"|"圆角"命令,在"圆角"操作栏中输入圆角半径为 8,单击选中 ⬚(修剪)按钮,接着在绘图区依次选择图 2-127 所示的 L1 和 L2、L3 和 L4 进行圆角操作。

图 2-127 要圆角的边线示意

在"圆角"操作栏中单击 ✓(确定)按钮,圆角的结果如图 2-128 所示。

图 2-128 圆角的结果

(4)绘制一处细节的外形截面轮廓。

在菜单栏中选择"转换"|"单体补正"命令,打开"补正"对话框。在该对话框中选择"复制"单选按钮,设置"次"数为 1,"补正距离"为 8,如图 2-129 所示。

选择图 2-130 所示的圆弧去补正,在该圆弧的圆心一侧单击以指定补正方向。然后在"补正"对话框中单击 ✓(确定)按钮,创建的补正线如图 2-131 所示。

图 2-129 "补正"对话框

图 2-130 选择对象及指定补正方向

图 2-131 补正结果

（5）绘制一条将定义旋转轴的直线。

在菜单栏中选择"绘图"|"绘线"|"任意线"命令。指定第一点的坐标为（X0,Y0），第二点的坐标为（X0,Y30），单击 ✓（确定）按钮，绘制的直线如图 2-132 所示。

绘制的直线 ——➤

图 2-132 绘制直线

（6）构建一处旋转曲面。

在属性状态栏中单击"层别"标签，打开"层别管理"对话框。在"层别号码"文本框中输入 2，在"名称"文本框中输入"曲面"，然后在"层别管理"对话框中单击 ✓（确定）按钮，从而完成该新图层设置。

将曲面颜色设置为 3 号颜色。

在菜单栏中选择"绘图"|"曲面"|"旋转曲面"命令，系统弹出"串连选项"对话框。选择 ⊙⊙（串连）按钮，选择图 2-133 所示的串连轮廓，按〈Enter〉键确定，接着选择竖直直线作为旋转轴，起始角度设置为 0，终止角度设置为 45，在"旋转曲面"操作栏中单击 ✓（确定）按钮。创建好的该旋转曲面如图 2-134 所示（以等角视图显示的效果）。

图 2-133 选择串连轮廓曲线

图 2-134 创建一处旋转曲面

（7）继续创建另一处旋转曲面。

在菜单栏中选择"绘图"|"曲面"|"旋转曲面"命令，系统弹出"串连选项"对话框。单击 ⊙⊙（串连）按钮，在提示下选择图 2-135 所示的圆弧作为轮廓曲线 1，按〈Enter〉键确定，接着选择竖直直线作为旋转轴，起始角度设置为 0，终止角度设置为 45，在"旋转曲面"操作栏中单击 ✓（确定）按钮。创建好该旋转曲面的效果如图 2-136 所示。

选择轮廓曲线 1

图 2-135　选取轮廓曲线

图 2-136　旋转好该处旋转曲面

（8）调整视角和绘图平面，并设置相关的层别属性等。

在"绘图视角"工具栏中单击 (俯视图)按钮，从而将屏幕视角和绘图平面设置为俯视图。将构图深度设置为 0。

在属性状态栏中单击"层别"标签，打开"层别管理"对话框。在"层别号码"文本框中输入 3，在"名称"文本框中输入"辅助线架"，然后在"层别管理"对话框中单击 (确定)按钮，从而完成该图层设置。

线框颜色保持设置为红色。

（9）绘制两条直线。

在菜单栏中选择"绘图"|"绘线"|"任意线"命令，打开"直线"操作栏。在"自动抓点"工具栏中单击 (快速绘点)按钮，在出现的文本框中输入"0,0"并按〈Enter〉键确定，接着在"直线"操作栏中设置直线长度为 100，与水平位置的角度为 13，如图 2-137 所示。

图 2-137　"直线"操作栏

在"直线"操作栏中单击 (确定)按钮，创建的该条直线如图 2-138 所示。

使用同样的方法绘制另一条直线，如图 2-139 所示。该条直线也是长度为 100，只是其与水平位置的角度为 32。

图 2-138　绘制一条直线

图 2-139　绘制另一条直线

（10）绘制极坐标圆弧。

在菜单栏中选择"绘图"|"绘弧"|"极坐标圆弧"命令，指定第一条极坐标圆弧的圆心位置坐标为（X0,Y0），在"已知圆心，极坐标画弧"操作栏中设置圆弧半径为 60，起始角度为 13，终止角度为 32，如图 2-140 所示，然后单击 ⊕ （应用）按钮。

图 2-140　设置极坐标圆弧参数

接着指定第二条极坐标圆弧的圆心位置坐标为（X0,Y0），在"已知圆心，极坐标画弧"操作栏中设置圆弧半径为 90，起始角度为 13，终止角度为 32，然后单击 ✓ （确定）按钮。

完成绘制的两条极坐标圆弧如图 2-141 所示。

图 2-141　绘制两条极坐标圆弧

（11）倒圆角。

在菜单栏中的"绘图"菜单中选择"圆角"|"圆角"命令，打开"圆角"操作栏，在该操作栏中设置圆角半径为 6，圆角类型为"常规（标准）"，单击选中 ⌐（修剪）按钮，在绘图区分别单击要圆角的图素，最后得到的圆角效果如图 2-142 所示。

图 2-142　创建 4 个圆角

（12）串连补正。

在菜单栏中选择"转换"|"串连补正"命令，打开"串连选项"对话框。在"串连选

项"对话框中单击选中 （串连）按钮，选择图 2-143 所示的串连图形，单击 （确
定）按钮。系统弹出"串连补正选项"对话框，设置图 2-144 所示的串连补正参数，注意设
置向外侧补正。然后单击"串连补正选项"对话框中的 （确定）按钮。

图 2-143　选择串连图形　　　　　　　　　　　图 2-144　设置串连补正参数

（13）平移图素。

在"绘图视角"工具栏中单击 （等视图）按钮。

在菜单栏中选择"转换"|"平移"命令，系统提示"平移/阵列：选择要平移/阵列的图
形"。在图 2-145 所示的工具栏中选择 （串连）按钮，接着使用鼠标单击串连补正得到的
闭合图形，如图 2-146 所示，按〈Enter〉键确定。

图 2-145　选择"串连"选取方式　　　　　　　图 2-146　选择要平移的图素

系统弹出"平移"对话框。选择"移动"单选按钮，设置"次"数为 1，平移 $\triangle Z$ 参数
值为 30，如图 2-147 所示，然后单击 （确定）按钮。

图 2-147　设置平移参数

（14）创建举升曲面。

在属性状态栏中单击"层别"标签，打开"层别管理"对话框。在"层别号码"文本框中输入4，在"名称"文本框中输入"曲面"，然后在"层别管理"对话框中单击 ✓ （确定）按钮，从而完成该新图层设置。

确保曲面颜色仍然为 3 号颜色。

在菜单栏中选择"绘图"|"曲面"|"直纹/举升曲面"命令，系统弹出"串连选项"对话框，分别选择图 2-148 所示的串连外形 1 和串连外形 2，注意两串连外形的起始点方向应该一致，然后单击"串连选项"对话框中的 ✓ （确定）按钮。

举升曲面：定义外形 2

举升曲面：定义外形 1

图 2-148　定义串连外形

在"直纹/举升"操作栏中单击选中 （举升）按钮，然后单击 ✓ （确定）按钮。创建的举升曲面如图 2-149 所示。

a)   b)

图 2-149   创建举升曲面

a) 线架显示   b) 图形着色显示

知识点拨：读者也可以直接采用"挤出曲面（拉伸曲面）"的方式来建构和上述举升曲面相似的曲面效果，在创建挤出曲面的过程中，除了可以设置拉伸长度之外，还可以设置锥度角，如图 2-150 所示。如果采用"挤出曲面（拉伸曲面）"的方式来建构所需的曲面，那么不必执行串连补正和图素平移来获得举升曲面所需要的线架。

图 2-150   创建拉伸曲面

（15）隐藏一些辅助线。

在属性状态栏中单击"层别"标签，打开"层别管理"对话框。设置图层 1 和图层 3 不可见，单击 ✓ （确定）按钮。

（16）修剪曲面。

在菜单栏中选择"绘图"|"曲面"|"曲面修剪"|"修剪至曲面"命令，选择要修剪的两组曲面，并利用"曲面至曲面"操作栏中的相关功能来完成曲面修剪。首先将曲面模型修剪成图 2-151 所示，然后再将曲面模型修剪成图 2-152 所示。

图 2-151　修剪曲面效果 1　　　　　　　　图 2-152　修剪曲面效果 2

（17）曲面倒圆角。

在菜单栏中选择"绘图"|"曲面"|"曲面圆角"|"曲面与曲面"命令，在提示下选择第一个曲面，如图 2-153 所示，按〈Enter〉键确定；选择第二个曲面，如图 2-154 所示，按〈Enter〉键确定，系统弹出"曲面与曲面倒圆角"对话框。

图 2-153　选择第一个曲面　　　　　　　　图 2-154　选择第二个曲面

在"曲面与曲面倒圆角"对话框中设置圆角半径为 3，如果需要可以单击 ←—→（切换法向）按钮，单击所需的曲面去改变其法向，使两曲面的法向均指向圆角中心处，并按〈Enter〉键确定。注意在"曲面与曲面倒圆角"对话框中勾选"修剪"复选框，圆角预览如图 2-155 所示，然后单击 ⊕（应用）按钮。

图 2-155　曲面间圆角预览

接着在提示下继续选择要圆角的第一个曲面,如图 2-156 所示,按〈Enter〉键确定;选择要圆角的第二个曲面,如图 2-157 所示,按〈Enter〉键确定。

图 2-156 选择要圆角的第一个曲面

图 2-157 选择要圆角的第二个曲面

使用同样的方法,指定两个曲面的法向为所需方向,如图 2-158 所示,并在"曲面与曲面倒圆角"对话框中设置圆角半径为 3,勾选"修剪"复选框,单击 ✓(确定)按钮。

完成曲面圆角的曲面效果如图 2-159 所示。

图 2-158 曲面法向

图 2-159 曲面效果

(18)以旋转复制的方式完成玩具车轮曲面模型。

在菜单栏中选择"转换"|"旋转"命令,以窗口框选的方式选择所有曲面,如图 2-160 所示,按〈Enter〉键确定。系统弹出"旋转"对话框,设置图 2-161 所示的选项及参数。注意确保旋转中心轴线是正确的,本范例中可采用默认的旋转轴。

图 2-160 选择要旋转复制的曲面

图 2-161 设置旋转复制参数

在"旋转"对话框中单击 ▓▓ （确定）按钮，结果如图 2-162 所示。

（19）执行"清除颜色"操作。

在菜单栏中选择"屏幕"|"清除颜色"命令，则曲面返回到以其自身的图素颜色来显示，效果如图 2-163 所示。

图 2-162　旋转复制的结果　　　　　　图 2-163　玩具车轮曲面的最终显示效果

（20）保存文件。

在菜单栏中选择"文件"|"保存"命令，在系统弹出的"另存为"对话框中选择要保存的位置，指定文件名为"绘制玩具车轮曲面"，其扩展名为".MCX-9"，然后单击"保存"按钮。

2.3.4　绘制纯净水瓶整体曲面

本范例介绍一种纯净水瓶整体曲面的绘制过程，要完成的水瓶整体曲面模型如图 2-164 所示。在该范例中主要应用了 Mastercam X9 曲面造型中的扫描曲面、牵引曲面、旋转曲面和曲面修剪等功能。

图 2-164　纯净水瓶整体曲面模型

（1）新建一个图形文件。

在工具栏中单击 ▯ （新建）按钮，或者从菜单栏的"文件"菜单中选择"新建文件"命令，从而新建一个 Mastercam X9 文件。

（2）设置相关属性状态。

在属性状态栏中单击"层别"标签，打开"层别管理"对话框。在"层别号码"文本框中输入 1，在"名称"文本框中输入"曲线"，然后在"层别管理"对话框中单击 ✓（确定）按钮，从而完成该图层设置。

接受默认的线框颜色，设置绘图平面（构图面）为"俯视"，构图深度为 0，屏幕视角也是"俯视"，线型为实线，线宽稍粗。

（3）绘制二维图形。

使用"绘图"|"绘弧"|"已知圆心点画圆"命令绘制 5 个圆，其中大圆的圆心位置位于坐标原点，绘制好这些圆之后，对它们进行相应的修剪，修剪结果如图 2-165 所示。

（4）圆角。

在菜单栏中选择"绘图"|"圆角"|"圆角"命令，在"圆角"操作栏中输入圆角半径为 5，圆角类型为"常规（标准）"，并且选中操作栏中的 ⌐（修剪）按钮，接着在绘图区依次选择所需的曲线段来进行圆角操作，最后在"圆角"操作栏中单击 ✓（确定）按钮，圆角的结果如图 2-166 所示。

图 2-165 绘制二维图形并修剪

图 2-166 二维图形圆角

（5）调整绘图视角。

在"绘图视角"工具栏中单击 ▦（等视图）按钮。

（6）平移选定的图素。

在菜单栏中选择"转换"|"平移"命令，系统提示"平移/阵列：选择要平移/阵列的图形"。以窗口选择的方式框选所有的二维图形，如图 2-167 所示，按〈Enter〉键确定。系统弹出"平移"对话框，按照图 2-168 所示的参数进行设置，然后单击 ✓（确定）按钮。

平移 / 阵列：选择要平移 / 阵列的图形

图 2-167 选择图素去平移

图 2-168　设置"平移"选项及参数

（7）绘制直线。

在菜单栏中选择"绘图"｜"绘线"｜"任意线"命令，指定直线的第一端点为原点（X0,Y0,Z0），第二端点为（X0,Y0,Z45），然后单击 ✔（确定）按钮。绘制的直线如图 2-169 所示。

图 2-169　绘制直线

（8）创建扫描曲面。

在属性状态栏中单击"层别"标签，打开"层别管理"对话框。在"层别号码"文本框

中输入2，在"名称"文本框中输入"曲面"，然后在"层别管理"对话框中单击 ✓ （确定）按钮，从而完成该新图层设置。

在属性状态栏中单击 ▦ （曲面颜色）按钮，将曲面颜色设置为3号颜色。

在菜单栏中选择"绘图"|"曲面"|"扫描曲面"命令，接着在出现的"扫描曲面"操作栏中选择 ◰ （旋转）按钮，如图2-170所示。

图2-170 "扫描曲面"操作栏

选择串连截面1，如图2-171a所示；选择串连截面2，如图2-171b所示，然后按〈Enter〉键确认。

a)

b)

图2-171 选择两个串连截面

a) 选择串连截面1 b) 选择串连截面2

系统提示"扫描曲面：定义引导方向外形"。选择图2-172所示的直线。然后在"扫描曲面"操作栏中单击 ✓ （确定）按钮，完成的扫描曲面如图2-173所示。

扫描曲面：定义 引导方向外形

图2-172 定义引导方向外形

图2-173 创建的扫描曲面

（9）创建牵引曲面。

在菜单栏中选择"绘图"|"曲面"|"牵引曲面"命令，系统弹出"串连选项"对话框，选中 ◯◯◯ （串连）方式按钮，单击图2-174所示的串连曲线，单击"串连选项"对话框中的 ✓ （确定）按钮。系统弹出"牵引曲面"对话框，设置图2-175所示的选项及参数，然后单击 ✓ （确定）按钮，创建的该牵引曲面如图2-176所示。

图 2-174 选取串连曲线

图 2-175 设置牵引曲面参数

使用同样的方法创建另一个牵引曲面，其牵引长度也是 75，注意牵引方向，效果如图 2-177 所示。

图 2-176 创建牵引曲面 1

图 2-177 旋转牵引曲面 2

（10）调整绘图视角。

在"绘图视角"工具栏中单击 🗐 （前视图）按钮，从而将屏幕视图和绘图平面设置为"前视图"。

（11）绘制用于创建旋转曲面的辅助线。

在属性状态栏中单击"层别"标签，打开"层别管理"对话框。在"层别号码"文本框中输入 3，在"名称"文本框中输入"辅助曲线"，然后在"层别管理"对话框中单击 ✓ （确定）按钮，从而完成该图层设置。

绘制图 2-178 所示的二维图形，图中给出了参考尺寸（局部详图还特意隐藏了曲面）。

图 2-178 绘制二维图形

（12）创建旋转曲面。

在属性状态栏中设置"层别"为 2，颜色设置为 3 号颜色。单击 （等角视图）按钮。

在菜单栏中选择"绘图"｜"曲面"｜"旋转曲面"命令，选择图 2-179 所示的旋转轮廓曲线串连，单击 （确定）按钮，接着选择旋转轴，如图 2-180 所示。

图 2-179 选择旋转轮廓曲线串连

图 2-180 选择旋转轴

旋转起始角度为 0，终止角度为 360，单击 （应用）按钮，创建的旋转曲面 1 如图 2-181 所示。

在瓶子底部分别选择旋转轮廓曲线串连和旋转轴，然后在"旋转曲面"操作栏中单击

（确定）按钮。创建的旋转曲面 2 如图 2-182 所示。

图 2-181　创建旋转曲面 1　　　　　　　　图 2-182　创建旋转曲面 2

（13）曲面修剪。

在菜单栏中选择"绘图"|"曲面"|"曲面修剪"|"修剪至曲面"命令，选择要修剪的两组曲面，并利用"曲面至曲面"操作栏中的相关功能来完成曲面修剪。曲面修剪后的效果如图 2-183 所示。

a)　　　　　　　　　　　　　　　　　b)

图 2-183　曲面修剪

a) 曲面修剪 1　b) 曲面修剪 2

（14）隐藏相关曲线。

确保所有的曲面都位于层别 2 中。在属性状态栏中单击"层别"标签，打开"层别管理"对话框。设置图层 1 的"曲线"层和图层 3 的"辅助曲线"不可见，单击　　（确定）按钮。隐藏相关曲线后，曲面模型的效果如图 2-184 所示。

（15）曲面倒圆角。

在菜单栏中选择"绘图"|"曲面"|"曲面圆角"|"曲面与曲面圆角"命令，分别选择要进行圆角的两组曲面进行圆角操作，注意相关曲面的法向，圆角半径自行设定。如果设置了合理圆角，并勾选了"修剪"复选框和"自动预览"复选框，而系统弹出一个"警告"对话框提示找不到圆角，那么需要在单击"确定"按钮关闭"警告"对话框后，单击　　（切换法向）按钮，分别对相关的曲面进行法向切换，使得相关曲面法向指向可产生圆角的方向。曲面圆角的完成效果如图 2-185 所示。

图 2-184　隐藏曲线后的曲面效果　　　　　图 2-185　曲面圆角的效果

（16）保存文件。

在菜单栏中选择"文件"|"保存"命令，在系统弹出的"另存为"对话框中选择要保存的位置，指定文件名为"绘制瓶子整体曲面"，其扩展名为.MCX-9，然后单击"保存"按钮。

说明： 如果觉得本范例绘制的瓶子曲面中间部分扭转有些大，那么可以在创建扫描曲面之前，先使用"转换"|"旋转"命令将上截面旋转所需的角度。例如旋转 45°；此外在执行"扫描曲面"的过程中选择截面串连时，要注意两截面串连的起始方向。其他步骤和本范例的其他步骤相同，最后可构建出图 2-186 所示的瓶子整体曲面效果。读者可以参看随书光盘中的"绘制瓶子整体曲面-效果 2.MCX"文件。

图 2-186　绘制瓶子整体曲面效果 2

2.3.5　绘制烟灰缸曲面造型

本范例介绍一种烟灰缸曲面造型的绘制过程，要完成的该款烟灰缸曲面造型如图 2-187 所示。在该范例中主要应用了 Mastercam X9 曲面造型中的相关功能。

图 2-187　烟灰缸曲面造型

（1）新建一个图形文件。

在工具栏中单击 □ （新建）按钮，或者从菜单栏的"文件"菜单中选择"新建文件"命令，从而新建一个 Mastercam X9 文件。

（2）设置相关属性状态。

在属性状态栏中单击"层别"标签，打开"层别管理"对话框。在"层别号码"文本框中输入1，在"名称"文本框中输入"曲线"，然后在"层别管理"对话框中单击 ✓ （确定）按钮，从而完成该图层设置。

将线框颜色设置为红色，默认绘图平面（构图面）为"俯视"，构图深度为 0，屏幕视图也是"俯视"，线型为实线，线宽稍粗。

（3）绘制二维图形。

在菜单栏中选择"绘图"|"矩形设置"命令，系统弹出"矩形选项"对话框。按照图 2-188 进行设置，在"自动抓点"工具栏中单击 ✦ （快速绘点）按钮，在出现的文本框中输入"0,0"并按〈Enter〉键确认，然后在"矩形选项"对话框中单击 ⊕ （应用）按钮，从而绘制图 2-189 所示的带圆角的矩形。

图 2-188　设置矩形选项

图 2-189　绘制带圆角的矩形

在"矩形选项"对话框中进行图 2-190 所示的设置，接着在"自动抓点"工具栏中单击 ✦ (快速绘点) 按钮，在出现的文本框中输入"0,0"并按〈Enter〉键确认，然后在"矩形选项"对话框中单击 ✓ (确定) 按钮，绘制的第二个带圆角的矩形如图 2-191 所示。

图 2-190　设置矩形选项

图 2-191　绘制第二个带圆角的矩形

（4）为绘制曲面做好属性准备等工作。

在属性状态栏中单击"层别"标签，打开"层别管理"对话框。在"层别号码"文本框中输入2，在"名称"文本框中输入"曲面"，然后在"层别管理"对话框中单击 ✓ (确定) 按钮，从而完成该新图层设置。

在属性状态栏中单击 ▦ (曲面颜色) 按钮，打开"颜色"对话框。选择图 2-192 所示的颜色，然后单击 ✓ (确定) 按钮。

在"绘图视角"工具栏中单击 ⬡ (等视图) 按钮。

（5）绘制牵引曲面。

在菜单栏中选择"绘图"|"曲面"|"牵引曲面"命令，打开"串连选项"对话框，从中选择 ⬤⬤ (串连) 选项，在绘图区选择图 2-193 所示的串连图形，接着在"串连选项"对话框中单击 ✓ (确定) 按钮。在"牵引曲面"对话框中设置图 2-194 所示的参数，注意长度方向等的切换。满意后单击"牵引曲面"对话框中的 ✓ (确定) 按钮。

图 2-192 "颜色"对话框

图 2-193 选择串连图形

图 2-194 设置牵引曲面参数

（6）绘制挤出曲面/拉伸曲面。

在菜单栏中选择"绘图"|"曲面"|"拉伸曲面（挤出曲面）"命令，以串连的方式选择图 2-195 所示的图形，系统弹出"拉伸曲面"对话框，设置图 2-196 所示的拉伸曲面参数，注意"锥度角"为 10，并确保拉伸方向和锥度角为所需要的方向，然后单击"拉伸曲面"对话框中的 ✓ （确定）按钮。

图 2-195　选择串连图形　　　　　　　　图 2-196　设置拉伸曲面参数

（7）删除曲面。

在菜单栏中选择"编辑"|"删除"|"删除图形"命令，系统提示选择图形。选择图 2-197 所示的曲面，然后按〈Enter〉键确认，删除曲面后的效果如图 2-198 所示。

图 2-197　选择要删除的图素　　　　　　图 2-198　删除曲面后的效果

（8）绘制辅助线。

在"绘图视角"工具栏中单击 （前视图）按钮。接着在属性状态栏中按照图 2-199 所示的内容进行设置，注意设置图层 1 为活动图层。

图 2-199　在属性状态栏中的设置

在菜单栏中选择"绘图"|"绘弧"|"极坐标圆弧"命令，接着在出现的图 2-200 所示的操作栏中进行设置，即设置圆弧半径为 6，圆弧起始角度为 180，终止角度为 360。然后将圆心点设置在坐标原点处（X0,Y0,Z0），最后单击操作栏中的 ✓（确定）按钮。

图 2-200 在操作栏中的设置

在"绘图视角"工具栏中单击 （等视图）按钮。绘制的极坐标圆弧如图 2-201 所示。

图 2-201 绘制的极坐标圆弧

（9）绘制牵引曲面。

在属性状态栏中将"层别"设置为 2，确保曲面颜色为 3 号颜色。同时在状态栏中的单击"平面（绘图面/刀具面）"标签，接着从滑出的菜单中选择"前视图"，如图 2-202 所示。

图 2-202 设置绘图平面

在菜单栏中选择"绘图"|"曲面"|"牵引曲面"命令，选择刚绘制的极坐标圆弧，按〈Enter〉键确认。系统弹出"牵引曲面"对话框，从中设置图 2-203 所示的选项及参数，单击 （确定）按钮。创建的牵引曲面如图 2-204 所示。

图 2-203 "牵引曲面"对话框

图 2-204 创建牵引曲面

（10）曲面修剪。

在菜单栏中选择"绘图"|"曲面"|"曲面修剪"|"修剪至曲面"命令，选择图 2-205 所示的第一个曲面，按〈Enter〉键确认；接着选择图 2-206 所示的两个曲面作为第二组曲面，按〈Enter〉键确认。

图 2-205 选择第一个曲面

图 2-206 选择第二组曲面

在出现的"曲面至曲面"操作栏中进行图 2-207 所示的设置。

图 2-207 "曲面至曲面"操作栏

选择图 2-208a 所示的曲面，接着将曲面上显示的用于指示保留位置的长箭头图符移到图 2-208b 中的曲面位置处，单击；选择图 2-208c 所示的第二组曲面中的一个曲面，接着在

图 2-208d 中的曲面位置处单击以调整曲面修剪后保留的位置。

图 2-208　曲面修剪操作

a) 选择曲面 1　b) 指定要保留的位置 1　c) 选择曲面 2　d) 指定要保留的位置 2

在"曲面至曲面"操作栏中单击 （确定）按钮，得到的曲面修剪后的效果如图 2-209 所示。

图 2-209　曲面修剪后的效果

（11）旋转复制曲面。

将绘图平面设置为俯视图。这一步骤很关键。

在菜单栏中选择"转换"|"旋转"命令，选择图 2-210 所示的曲面，按〈Enter〉键确认。系统弹出"旋转"对话框，选择"复制"单选按钮，设置"次"数为 3，选择"角度之间"单选按钮，设置单次旋转角度为 90，如图 2-211 所示，然后单击 （确定）按钮。

完成旋转复制曲面的操作后，可以在"屏幕"菜单中选择"清除颜色"命令。

图 2-210 选取要旋转复制的图素

图 2-211 设置旋转复制选项及参数

（12）曲面修剪。

在菜单栏中选择"绘图"|"曲面"|"曲面修剪"|"修剪至曲面"命令，选择图 2-212 所示的第一个曲面，按〈Enter〉键确认；接着选择图 2-213 所示的两个曲面作为第二组曲面，按〈Enter〉键确认。

图 2-212 选择第一个曲面

图 2-213 选择第二组曲面

在出现的"曲面至曲面"操作栏中单击选中图 2-214 所示的按钮。

图 2-214 在"曲面至曲面"操作栏中的设置

选择图 2-215a 所示的曲面，接着将所选曲面上显示的长箭头图符移到图 2-215b 所示的位置处单击，以指定曲面修剪后保留的位置。

a)   b)

图 2-215　曲面修剪操作

a) 选取曲面去修剪　b) 调整曲面修剪后保留的位置

在"曲面至曲面"操作栏中单击 ⊕（应用）按钮，得到的曲面修剪效果如图 2-216 所示。

在提示下继续选择两组曲面进行曲面修剪操作，方法相同，最后得到的曲面修剪效果如图 2-217 所示。

图 2-216　曲面修剪效果　　　　　　　　图 2-217　曲面修剪的最终效果

（13）隐藏曲线。

在属性状态栏中单击"层别"标签，打开"层别管理"对话框。在层别列表中单击层别 1 的"高亮"单元格，以设置层别 1 不可见，然后单击　　（确定）按钮。此时曲面模型如图 2-218 所示。

图 2-218　隐藏相关曲线后的曲面模型

（14）创建曲面边界线。

在属性状态栏中单击"层别"标签，打开"层别管理"对话框。在"层别号码"文本框中输入 3，在"名称"文本框中输入"曲面边界"，单击 ✓（确定）按钮。

在菜单栏中选择"绘图"|"曲面曲线"|"单一边界"命令，选取所需曲面并移动箭头到想要的曲面边界处单击，继续创建曲面边界线，然后单击 ✓（确定）按钮。创建的曲面边界线 1～6 如图 2-219 所示。

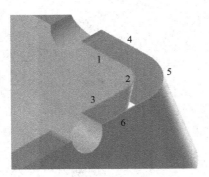

图 2-219　创建曲面边界线

（15）创建直纹曲面。

在属性状态栏中将"层别"设置为 2。

在菜单栏中选择"绘图"|"曲面"|"直纹/举升曲面"命令，系统弹出"串连选项"对话框，以串连的方式分别选择图 2-220 所示的串连外形 1 和串连外形 2，单击"串连选项"对话框中的 ✓（确定）按钮。在"直纹/举升曲面"操作栏中单击 （直纹）按钮，然后单击操作栏中的 ✓（确定）按钮，绘制的直纹曲面如图 2-221 所示。

图 2-220　选择两串连外形

图 2-221　创建直纹曲面

在属性状态栏中单击"层别"标签，打开"层别管理"对话框。在层别列表中单击层别 3 的"高亮"单元格，以设置层别 3 不可见，然后单击 ✓（确定）按钮。并确保层别 2 为当前图层。

（16）旋转复制曲面。

在菜单栏中选择"转换"|"旋转"命令，选择要旋转复制的曲面，如图 2-222 所示，按

〈Enter〉键确认。系统弹出"旋转"对话框，按照图 2-223 所示的选项及参数进行设置。

图 2-222　选择要旋转复制的曲面　　　　　　图 2-223　设置旋转复制的选项及参数

在"旋转"对话框中单击 ✓（确定）按钮。

在菜单栏中选择"屏幕"|"清除颜色"命令。

完成的烟灰缸曲面造型如图 2-224 所示。

图 2-224　完成的烟灰缸曲面造型

（17）保存文件。

在菜单栏中选择"文件"|"保存"命令，在系统弹出的"另存为"对话框中选择要保存的位置，指定文件名为"烟灰缸曲面造型"，其扩展名为".MCX-9"，然后单击"保存"按钮。

第3章　三维实体设计

本章导读：

在 Mastercam X9 的 CAD 功能中，三维实体设计是极其重要的一大方面。本章首先介绍三维实体设计的主要知识，例如创建基本实体/基础实体、布尔运算和实体编辑等，然后通过范例的形式介绍三维实体设计的应用知识。

3.1　知识点概述

实体模型与线架构、曲面模型一样，是描述三维物体的一种基本表达形式，其中实体模型具有面积、体积等特性。本章主要的知识点包括创建基本实体/基础实体、布尔运算和实体编辑三大类。

3.1.1　创建基本实体/基础实体

基本实体是指圆柱体、圆锥体、立方体、球体和圆环体这些实体。在菜单栏的"绘图" | "基本实体"级联菜单中提供了 5 种创建基本实体的功能命令，即"圆柱体""圆锥体""立方体""球形"和"圆环体"，如图 3-1 所示。在使用"绘图" | "基本实体"级联菜单中的命令来创建相应的基本实体的过程中，需要在其对话框中选择"实体"单选按钮，并设置相应的实体参数。亦可使用这几个命令创建相应的曲面对象。

可以将拉伸实体（挤出实体）、旋转实体、扫描实体和举升实体等归纳在基础实体的范畴之内。创建基础实体（拉伸实体、旋转实体、扫描实体、举升实体和曲面生成实体）的命令位于图 3-2 所示的"实体"菜单中。

- "拉伸"：将平面截面拉伸，即把一个或多个共面的曲线串连按照指定的方向和距离拉伸成新的实体，新实体还可以与其他实体进行布尔运算操作。
- "旋转"：将特征截面绕着旋转中心线旋转一定角度生成旋转实体或薄壁件。
- "扫描"：将选定封闭线框沿着轨迹线移动来生成实体，封闭线框可以为一个，也可以为多个（多个线框必须在同一类平面内才能执行扫描）。
- "举升"：将两个或两个以上的封闭轮廓曲线串连，按照选取的熔接方式进行各轮廓之间的渐变过渡以构成新实体。
- "曲面生成实体"：用于将开放或封闭的曲面转换为实体。

图 3-1 "绘图" | "基本实体"级联菜单

图 3-2 "实体"菜单

3.1.2 实体布尔运算

实体布尔运算是指通过结合（和，即增加）、切割（差，即移除）、交集（交）的方法将多个实体组合成一个实体。通过布尔运算，可以比较迅速地构建出复杂而相对规则的实体效果。在布尔运算中，通常将选择的第一个实体称为目标主体或目标实体，其余的则为工件主体或工件实体，最后的运算结果也是一个主体。

在 Mastercam X9 系统中，布尔运算分为两类，一类是关联布尔运算，另一类则是非关联布尔运算，这需要在执行实体布尔运算的过程中通过"非关联实体"复选框进行设置。

以一个有交叉体积的圆柱实体和长方形实体为例，在菜单栏的"实体"菜单中选择"布尔运算"命令，接着选择圆柱实体作为要进行布尔运算操作的目标主体，系统弹出图 3-3 所示的"实体选择"对话框，并提示选择要布尔运算的工件主体，这里选择长体形实体作为要布尔运算的工件主体，单击 ✓ （确定）按钮，默认时在图形窗口左侧出现图 3-4 所示的"布尔运算"对话框（亦称"布尔运算"设置窗口），在"基本"选项卡中指定名称、布尔运算类型（增加、移除或交集），当布尔运算类型为"移除"和"交集"时，"非关联实体"复选框可用，此时可以利用"非关联实体"复选框决定生成的是实体是关联实体还是非关联实体（其中，关联实体的目标实体将被删除）。当勾选"非关联实体"复选框时，还可以决定是否保留原始目标实体，以及是否保留原始工件实体。在"布尔运算"对话框中单击 （确定并创建新操作）按钮或 （确定）按钮，从而完成实体布尔运算操作。

图 3-3 "实体选择"对话框

图 3-4 "布尔运算"对话框

3.1.3 实体编辑

实体编辑包括圆角、倒角、实体抽壳、实体修剪、薄片加厚、实体特征阵列和拔模等。其中，圆角分为"固定半径圆角""变化半径圆角"和"面与面圆角"三种，而倒角分为"单一距离倒角""不同距离倒角"和"距离/角度"三种，实体修剪分为"依照平面修剪"和"修剪到曲面/薄片"两种，实体特征阵列的类型有"直角坐标阵列""旋转阵列"和"手动阵列"，拔模命令则包括"依照实体面拔模""依照平面拔模""依照边界拔模"和"依照拉伸边拔模"。实体编辑的命令主要位于"实体"菜单中。

3.2 绘制实体模型实例

下面介绍若干个实体模型绘制范例。

3.2.1 绘制顶杆帽

本范例要完成的顶杆帽如图 3-5 所示。在范例中主要应用"旋转""拉伸"和"实体倒角"等实体功能。

图 3-5 顶杆帽

本三维实体设计范例的具体操作步骤如下。

（1）新建一个图形文件。

在工具栏中单击 (新建) 按钮，或者从菜单栏的"文件"菜单中选择"新建"命令，从而新建一个 Mastercam X9 文件。

（2）设置相关属性状态。

在属性状态栏中单击"层别"标签，打开"层别管理"对话框。在"层别号码"文本框中输入 1，在"层别名称"文本框中输入"曲线 A"，然后在"层别管理"对话框中单击 (确定) 按钮，从而完成该图层设置。

将线框颜色设置为红色，绘图平面（构图面）为"俯视"，构图深度为 0，屏幕视角也是"俯视"，线型为实线，线宽为稍粗一点的。

（3）绘制二维图形。

绘制图 3-6 所示的二维图形。所使用的绘图命令为"绘图"|"直线"|"绘制任意线"和"绘图"|"圆弧"|"两点画弧"命令。

图 3-6　绘制二维图形

（4）设置用于创建实体的属性状态。

在属性状态栏中单击"层别"标签，打开"层别管理"对话框。在"层别号码"文本框中输入 2，在"层别名称"文本框中输入"实体"，然后在"层别管理"对话框中单击 (确定) 按钮，从而完成该新图层设置。

接受默认的实体颜色设置。

（5）创建旋转实体。

在菜单栏中选择"实体"|"旋转"命令，或者在工具栏中单击 (旋转实体) 按钮，系统弹出"串连选项"对话框，以串连的方式选择图 3-7 所示的图形轮廓，单击"串连选项"对话框中的 (确定) 按钮。

选择图 3-8 所示的直线作为旋转参考轴。

图 3-7　选择旋转的串连图素

图 3-8　选择直线作为旋转参考轴

系统弹出图 3-9 所示的"旋转实体"对话框。在"基本"选项卡的"串连"选项组中，如果要改变旋转轴的方向，则单击 ↔（旋转轴反向）按钮；另外，⊘（增加串连）按钮用于从实体操作中打开"串连"对话框以选择更多图形串连，⊘（全部重建）按钮用于移除所有先前选择的串连图素并返回到图形窗口选择新串连图素。如果要重新指定旋转轴，则在"旋转轴"选项组中单击 🡒（选择轴）按钮，再在图形窗口中单击选择不同的旋转轴。这里接受"角度"选项组中的默认起始角度和结束角度，默认起始角度为 0，结束角度为 360。切换到"高级"选项卡，如图 3-10 所示，确保取消勾选"壁厚"复选框。最后单击"旋转实体"对话框中的 ⊘（确定）按钮，从而完成创建一个旋转实体。

图 3-9 "旋转实体"对话框　　　　图 3-10 "旋转实体"对话框的"高级"选项卡

按〈Alt+S〉组合键或者单击 ●（图形着色）按钮，对图形进行着色处理，创建的旋转实体的效果如图 3-11 所示。

图 3-11 创建旋转实体

（6）绘制二维图形。

在属性状态栏中将"层别"设置为 1，线框颜色确保为红色（颜色代号为 12），如图 3-12 所示。

| 3D | 屏幕视图 | WCS | 平面 | Z | 0.0 | ▼ | | | | 层别 | 1：曲线A | ▼ | 属性 | ✳ | ▼ |

图 3-12　设置属性状态

单击 ⊕（线框）按钮以线架形式显示实体。

使用相关的二维图形绘制命令绘制图 3-13 所示的二维图形，需要时可以执行 ✎（修剪/打断/延伸）按钮来对图形进行修剪。

图 3-13　绘制二维图形

在菜单栏中选择"绘图"|"矩形设置"命令，打开"矩形选项"对话框，从中进行图 3-14 所示的参数设置，接着在"自动抓点"工具栏中单击 ⁺（快速绘点）按钮，紧接着在出现的文本框中输入"-21.5,0"按〈Enter〉键确认。然后在"矩形选项"对话框中单击 ✓（确定）按钮，创建的跑道形"矩形"图形如图 3-15 所示。

图 3-14　设置矩形选项

图 3-15　绘制跑道形的"矩形"

（7）以旋转的方式切除实体材料。

在属性状态栏中将"层别"设置为 2。

在菜单栏中选择"实体"|"旋转"命令，以串连的方式选择图 3-16 所示的串连图素，单击"串连选项"对话框中的 ✓ （确定）按钮。

选择图 3-17 所示的直线作为旋转轴。

图 3-16　选择旋转的串连图素

图 3-17　指定旋转轴

系统弹出"旋转实体"对话框，在"基本"选项卡的"选项"选项组中选择"切割主体"单选按钮，取消勾选"创建单一操作"复选框，默认的"起始角度"为 0，"结束角度"为 360，如图 3-18 所示。切换到"高级"选项卡，确保取消勾选"壁厚"复选框。在"旋转实体"对话框中单击 ◉（确定）按钮，完成以旋转的方式切除实体，线框显示效果如图 3-19 所示。

图 3-18　"旋转实体"对话框

图 3-19　以线框显示的效果

（8）以拉伸的方式切除实体材料。

在菜单栏中选择"实体"|"拉伸"命令，系统弹出"串连选项"对话框。分别选择图 3-20 所示的两个串连图素，然后单击"串连选项"对话框中的 ✓ （确定）按钮。

图 3-20 选择要切除的两个串连图素

系统弹出"实体拉伸"对话框。在"基本"选项卡的"选项"选项组中选择"切割主体"单选按钮，并勾选"创建单一操作"复选框；在"距离"选项组中选择"全部贯通"单选按钮，勾选"两端同时延伸"复选框，如图 3-21 所示，然后单击 （确定）按钮。按〈Alt+S〉组合键，图形着色的效果如图 3-22 所示。

图 3-21 实体拉伸的设置

图 3-22 拉伸切割的着色效果

（9）调整绘图视角。

在"绘图视角"工具栏中单击 （前视图）按钮，从而将屏幕视角和绘图平面均设置为"前视图"。

（10）绘制二维图形。

在属性状态栏中将"层别"设置为 1，线框颜色确保为红色（颜色代号为 12）。

在菜单栏中选择"绘图"|"矩形"命令，打开"矩形"操作栏。在该操作栏中设置图 3-23 所示的参数，例如"长度"设置为 20，"宽度"设置为 10。

图 3-23 "矩形"操作栏

在"自动抓点"工具栏中单击 ⁺彡（快速绘点）按钮，紧接着在出现的文本框中输入"-65,12.5"，按〈Enter〉键确认。在"矩形"操作栏中单击 ⊕（应用）按钮，绘制的该矩形如图 3-24 所示。

再次在"自动抓点"工具栏中单击 ⁺彡（快速绘点）按钮，紧接着在出现的文本框中输入"-65,-12.5"，按〈Enter〉键确认。在"矩形"操作栏中设置"长度"为 20，"宽度/高度"为 -10，然后单击 ✓（确定）按钮，绘制的矩形如图 3-25 所示。

图 3-24 绘制的一个矩形

图 3-25 绘制第二个矩形

（11）以拉伸的方式切除实体材料。

在属性状态栏中将"层别"设置为 2。

在菜单栏中选择"实体"|"拉伸"命令，打开"串连选项"对话框，选择两个矩形串连图素，单击 ✓（确定）按钮。系统弹出"实体拉伸"对话框，在"基本"选项卡的"选项"选项组中选择"切割主体"单选按钮，勾选"创建单一操作"复选框，在"距离"选项组中选择"全部贯通"单选按钮，同时勾选"两端同时延伸"复选框，如图 3-26 所示，然后单击 ◎（确定）按钮，拉伸切除的效果如图 3-27 所示。

图 3-26 实体拉伸的设置

图 3-27 拉伸切除实体

（12）层别图素管理。

在属性状态栏中单击"层别"选项标签，打开"层别管理"对话框。在对话框的层别列表中单击层别 1 的"高亮"单元格，以设置不显示层别 1 中的图素，如图 3-28 所示，然后单击 ✓（确定）按钮。

此时，可以单击 （等视图）按钮，实体模型显示如图 3-29 所示。

图 3-28　"层别管理"对话框

图 3-29　以等角视图显示

（13）实体倒角。

在菜单栏中选择"实体"|"倒角"|"单一距离倒角"命令，系统提示"选择要倒角的图形"。选择图 3-30 所示的实体边线，按〈Enter〉键确定，系统弹出"单一距离倒角"对话框，在"名称"文本框中输入"倒角 C2"，在"距离"文本框中设置倒角"距离"值为 2，如图 3-31 所示，然后单击 （确定）按钮。

图 3-30　选择要倒角的图素

图 3-31　设置实体倒角参数

在菜单栏中选择"实体"|"倒角"|"单一距离倒角"命令，系统提示"选择要倒角的图形"。选择图 3-32 所示的实体边线，按〈Enter〉键确定，系统弹出"单一距离倒角"对话框，在"名称"文本框中输入"倒角 C1"，在"距离"文本框中设置倒角"距离"值为 1，然后单击 （确定）按钮。创建的倒角效果如图 3-33 所示。

图 3-32　选择要倒角的图形

图 3-33　实体倒角的效果

（14）保存文件。

此时，完成的顶杆帽零件模型如图 3-34 所示。

图 3-34　顶杆帽零件的实体模型

在菜单栏中选择"文件"|"保存"命令，在系统弹出的"另存为"对话框中选择要保存的位置，指定文件名为"顶杆帽"，其扩展名为.MCX-9，然后单击"保存"按钮。

3.2.2　绘制弯管连接架

本范例要完成的弯管连接架如图 3-35 所示。在范例中主要用到"扫描实体"和"拉伸实体"等实体功能，还要求读者熟练掌握绘图平面的设定方法及技巧等。

图 3-35　绘制弯管连接架

该弯管连接架的绘制过程如下。

（1）新建一个图形文件。

在工具栏中单击 □（新建）按钮，或者从菜单栏的"文件"菜单中选择"新建文件"命令，从而新建一个 Mastercam X9 文件。

（2）设置相关属性状态。

在属性状态栏中单击"层别"标签，打开"层别管理"对话框。在"层别号码"文本框中输入 1，在"层别名称"文本框中输入"扫描截面及轨迹串连"，然后在"层别管理"对话框中单击 ✓（确定）按钮，从而完成该图层设置。

将线框颜色设置为红色，绘图平面（构图面）为"俯视"，构图深度为 0，屏幕视图也是"俯视"，线型为实线，线宽为稍粗一点的。

（3）绘制一个圆。

在菜单栏中选择"绘图"|"绘弧"|"已知圆心点画圆"命令，打开"编辑圆心点"操作栏，设置半径为 19，圆心点位于原点，然后单击 ⊕（应用）按钮，绘制第一个圆。再在"编辑圆心点"操作栏中设置半径为 14，圆心点同样位于原点位置，单击 ✓（确定）按钮，绘制第二个圆，如图 3-36 所示。

（4）绘制扫描轨迹。

在"绘图视角"工具栏中单击 ▦（前视图）按钮，从而将屏幕视角（即屏幕视图）和绘图平面均设置为前视图形式。

绘制图 3-37 所示的曲线。

图 3-36　绘制两个圆

图 3-37　绘制曲线

（5）设置用于创建实体的属性状态。

在属性状态栏中单击"层别"标签，打开"层别管理"对话框。在"层别号码"文本框中输入 2，在"层别名称"文本框中输入"实体"，然后在"层别管理"对话框中单击 ✓（确定）按钮，从而完成该新图层设置。

接受默认的曲面颜色。

在"绘图视角"工具栏中单击 ▦（等视图）按钮，可以看到绘制的图形如图 3-38 所示。

（6）创建扫描实体。

在菜单栏中选择"实体"|"扫描"命令，接着选择图 3-39 所示的两个圆作为要扫掠的

串连图素，单击"串连选项"对话框中的 （确定）按钮；接着在提示下选择图 3-40 所示的串连图素作为扫掠路径。

图 3-38　绘制的图形　　　　图 3-39　选择要扫掠的串连图素　　　　图 3-40　选择扫掠路径

系统弹出"扫描"对话框，如图 3-41 所示，单击 （确定）按钮，创建的扫描实体如图 3-42 所示。

图 3-41　扫描实体的设置

图 3-42　创建的扫描实体

（7）绘制二维图形。

在"绘图视角"工具栏中单击 （俯视图）按钮。

在属性状态栏中单击"层别"标签，打开"层别管理"对话框。将层别 1 设置为不高亮显示（不突显），接着在"层别号码"文本框中输入3，在"层别名称"文本框中输入"曲线"，然后在"层别管理"对话框中单击 （确定）按钮，从而完成该新图层设置。

线框颜色仍然为 12 号的红颜色。在属性状态栏的 Z 文本框中输入5，按〈Enter〉键确定，也就是设置构图深度为 5。

在菜单栏中选择"绘图"|"绘弧"|"已知圆心点画圆"命令，打开"编辑圆心点"操作栏，设置圆半径为 35，单击 （快速绘点）按钮，输入"0,0"并按〈Enter〉键确定，单

击 （应用）按钮，绘制的圆如图 3-43 所示。接着设置圆半径为 14，单击 （快速绘点）按钮，输入"0,0"并按〈Enter〉键确定，然后单击 （确定）按钮，在该构图深度的构图面中绘制的第 2 个圆如图 3-44 所示（以线框显示才能看出来）。

图 3-43　绘制一个圆

图 3-44　绘制第 2 个圆

（8）继续在该构图面中绘制均布若干个圆。

在菜单栏中选择"绘图"|"绘弧"|"已知圆心点画圆"命令，打开"编辑圆心点"操作栏，设置圆半径为 3，单击 （快速绘点）按钮，输入"28,0"并按〈Enter〉键确定，单击 （确定）按钮，绘制图 3-45 所示的一个小圆。

在菜单栏中选择"转换"|"旋转"命令，选择刚绘制的小圆作为要旋转复制的图素，按〈Enter〉键确定，系统弹出"旋转"对话框。设置图 3-46 所示的选项及参数，单击 （确定）按钮。

图 3-45　绘制一个小圆

图 3-46　"旋转"对话框

（9）创建拉伸实体。

在属性状态栏中设置"层别"为 2。

在菜单栏中选择"实体"|"拉伸"命令，系统弹出"串连选项"对话框。以串连的方式选择之前在同一个构图深度的构图面中绘制的所有圆，如图 3-47 所示，然后单击"串连选项"对话框中的 ✓ （确定）按钮。系统弹出"实体拉伸"对话框，在"基本"选项卡中进行图 3-48 所示的选项及参数设置，注意挤出的方向往 Z 轴正方向。

图 3-47　选择要拉伸的多个圆　　　　　　　图 3-48　实体挤出的设置

　　在"实体拉伸"对话框中单击 ◎ （确定）按钮，创建的拉伸实体如图 3-49 所示。

图 3-49　创建拉伸实体

　　（10）层别等属性设置以及构图面设置。

　　在属性状态栏中单击"层别"标签，打开"层别管理"对话框。在"层别号码"文本框中输入 4，在"层别名称"文本框中输入"曲线"，并增加设置层别 3 的图素不突显（即取消高亮标记），然后在"层别管理"对话框中单击 ✓（确定）按钮，从而完成该新图层的设置。

确保将线框颜色设置为 12 号的红颜色。构图深度 Z 设置为 0。

单击 ⊘（动态旋转）按钮，使用鼠标调整屏幕视角。

在属性状态栏中单击"平面（绘图面/刀具面）"标签，接着从图 3-50 所示的菜单中选择"实体定面"命令。

图 3-50　选择"实体定面"命令

选择图 3-51 所示的平整实体面，接着在出现的图 3-52 所示的"选择平面"对话框中单击 ✓（确定）按钮以确定图示实体面，然后在弹出的"新建平面"对话框中单击 ✓（确定）按钮。

图 3-51　选择平整的实体面

图 3-52　确定选择实体面

（11）在新构图面中绘制二维图形。

在菜单栏中选择"绘图"|"矩形设置"命令，接着在弹出的"矩形选项"对话框中设置图 3-53 所示的矩形选项及参数，选取图 3-54 所示的圆心点作为矩形基准点，然后单击"矩形选项"对话框中的 ✓（确定）按钮。注意：在提示选择基准点位置时，亦可在"自动抓点"工具栏的一个下拉列表框中选择 ⊕（圆弧中心）图标选项，接着在图形窗口中单击所需的圆弧来选取其圆心作为新矩形的基准点位置。

图 3-53　设置矩形选项及参数

选择基准点位置

图 3-54　选取基准点位置

　　在菜单栏中选择"绘图"|"绘弧"|"已知圆心点画圆"命令，打开"编辑圆心点"操作栏，在该操作栏中单击 （半径）按钮，并在其文本框中设置圆半径为 3，使用鼠标依次单击圆角的中心处，以创建图 3-55 所示的 4 个圆。然后单击"编辑圆心点"操作栏中的 （确定）按钮。

　　再次选择"绘图"|"圆弧"|"已知圆心点画圆"命令，设置圆半径为 14，接着使用鼠标选取图 3-56 所示的中心点作为圆心位置，单击 （确定）按钮。

图 3-55　绘制 4 个圆

图 3-56　选取圆心位置

（12）创建拉伸实体特征。

　　在属性状态栏中设置"层别"为 2。

　　在菜单栏中选择"实体"|"拉伸"命令，系统弹出"串连选项"对话框。以串连的方式选择上步骤所创建的带圆角的矩形和 5 个圆，单击"串连选项"对话框中的 （确定）按钮。系统弹出"实体拉伸"对话框，从中进行图 3-57 所示的设置，然后单击 （确定）按钮，创建的拉伸实体特征如图 3-58 所示。

图 3-57　实体拉伸的设置

图 3-58　创建拉伸实体特征

（13）隐藏所有的曲线。

在属性状态栏中单击"层别"标签，打开"层别管理"对话框。利用该对话框设置所有的曲线层处于不显示状态。然后单击 ☑（确定）按钮。

（14）保存文件。

此时，完成的弯管连接架零件模型如图 3-59 所示。

图 3-59　弯管连接架零件的实体模型

在菜单栏中选择"文件"|"保存"命令，在系统弹出的"另存为"对话框中选择要保存的位置，指定文件名为"弯管连接架"，其扩展名为.MCX-9，然后单击"保存"按钮。

3.2.3　绘制箱体

本范例要完成的箱体零件如图 3-60 所示。在范例中主要用到"画立方体""圆柱体""拉伸实体""实体抽壳""牵引实体""实体圆角"和"实体布尔运算"等功能，还要求读者应该熟练掌握绘图平面的设定方法及技巧等。

本箱体零件的设计步骤如下。

（1）新建一个图形文件。

在工具栏中单击 □（新建）按钮，或者从菜单栏的"文件"菜单中选择"新建文件"命令，从而新建一个 Mastercam X9 文件。

图 3-60 绘制箱体实体模型

（2）设置相关属性状态。

在属性状态栏中单击"层别"标签，打开"层别管理"对话框。在"层别号码"文本框中输入 1，在"层别名称"文本框中输入"实体"，然后在"层别管理"对话框中单击 （确定）按钮，从而完成该图层设置。

接受默认的线框颜色和实体颜色，确保绘图平面（构图面）为"俯视"，构图深度为 0，屏幕视图也是"俯视"，线型为实线，线宽自定。

（3）绘制长方体。

在菜单栏中选择"绘图"|"基本实体"|"立方体"命令，系统弹出"立方体"对话框。在"立方体"对话框中，按照图 3-61 所示的内容进行设置。在"自动抓点"工具栏中单击 （快速绘点）按钮，输入"0,0,0"并按〈Enter〉键确定，然后在"立方体"对话框中单击 （确定）按钮。

在"绘图视角"工具栏中单击 （等角视图）按钮，则可以在屏幕中看到创建的长方体模型如图 3-62 所示。

图 3-61 设置立方体选项

图 3-62 创建的长方体模型

（4）创建圆柱体。

在菜单栏中选择"绘图"|"基本实体"|"圆柱体"命令，系统弹出"圆柱体"对话框，确保展开该对话框，选择"实体"单选按钮，设置圆柱"半径"为 90，圆柱"高度"为 110，在"轴"选项组中选择"X"单选按钮，如图 3-63 所示。在"自动抓点"工具栏中单击 ⁺ （快速绘点）按钮，输入"−55,0,130"并按〈Enter〉键确定，然后在"圆柱体"对话框中单击 （确定）按钮。创建的圆柱体如图 3-64 所示（这里却换到了以边线着色模式显示模型）。

图 3-63 "圆柱体"对话框

图 3-64 创建圆柱体

（5）执行"布尔运算-结合"操作。

在菜单栏中选择"实体"|"布尔运算"命令，选择长方体作为目标主体，接着选择圆柱体作为布尔运算的工件主体，按〈Enter〉键确定。系统打开"布尔运算"对话框，在"基本"选项卡的"选项"选项组中选择"增加"单选按钮，然后单击 （确定）按钮。

（6）实体抽壳。

在菜单栏中选择"实体"|"抽壳"命令，系统出现"选择要保留的开放主体或实体面"的提示信息。在图 3-65 所示的"实体选择"对话框中只单击选中 （选择实体面）按钮，接着使用鼠标光标在绘图区分别单击图 3-66 所示的 3 个面。

图 3-65 "实体选择"对话框

选择要保留的开放主体或实体面

图 3-66 选择 3 个实体面

按〈Enter〉键确定或者单击"实体选择"对话框中的 ✔ （确定）按钮，系统弹出
"抽壳"对话框。在"基本"选项卡的"选项"选项组中选择"方向 1"单选按钮以朝内抽
壳，在"抽壳厚度"选项组的"方向 1"文本框中输入 15，如图 3-67 所示。然后单击"抽
壳"对话框中的 ⊘ （确定）按钮，创建的实体薄壳如图 3-68 所示。

图 3-67 设置实体抽壳参数

图 3-68 实体抽壳

（7）创建长方体作为箱体底座。

在菜单栏中选择"绘图"|"基本实体"|"立方体"命令，系统弹出"立方体"对话
框。在"立方体"对话框中，按照图 3-69 所示的选项参数进行设置。在"自动抓点"工具
栏中单击 ⁺ʸ （快速绘点）按钮，输入"0,0,-5"并按〈Enter〉键确定，然后在"立方体"对
话框中单击 ✔ （确定）按钮，创建的长方体如图 3-70 所示。

图 3-69 设置立方体选项

图 3-70 创建长方体

（8）创建圆柱体。

在菜单栏中选择"绘图"|"基本实体"|"圆柱体"命令，系统弹出"圆柱"对话框，选择"实体"单选按钮，设置圆柱体半径为 25，圆柱高度为 30，在"轴"选项组中选择 Y 单选按钮，如图 3-71 所示。在"自动抓点"工具栏中单击 ✛ （快速绘点）按钮，输入"0，-120,220"并按〈Enter〉键确定，单击 ✓ （确定）按钮，完成创建图 3-72 所示的一个小圆柱体。

图 3-71 "圆柱"对话框

图 3-72 创建圆柱体

同样地，在菜单栏中选择"绘图"|"基本实体"|"圆柱体"命令，接着在"圆柱"对话框中选择"实体"单选按钮，设置圆柱体"半径"为 25，圆柱体"高度"为-30，确保在"轴"选项组中选择 Y 单选按钮，注意圆柱体生成方向；在"自动抓点"工具栏中单击 ✛ （快速绘点）按钮，输入"0,120,220"并按〈Enter〉键确定，然后在"圆柱"对话框中 ✓ （确定）按钮，创建的圆柱体如图 3-73 所示。

继续创建一个圆柱体。确保"圆柱"对话框中的"实体"单选按钮处于被选中的状态，设置圆柱体半径为 20，圆柱高度（长度）为 160，单击对话框中的"切换方向"按钮直至设置向两方向生成圆柱体，在"轴"选项组中选择 Y 单选按钮；在"自动抓点"工具栏中单击 ✛ （快速绘点）按钮，输入"0,0,220"并按〈Enter〉键确定，然后在"圆柱体"对话框中单击 ✓ （确定）按钮，创建的细长的圆柱体如图 3-74 所示。

（9）布尔运算-结合。

在菜单栏中选择"实体"|"布尔运算"命令，选取要布尔运算的目标主体，如图 3-75 所示，然后选择图 3-76 所示的 3 个实体作为要布尔运算的工件主体，按〈Enter〉键确定。系统打开"布尔运算"对话框，在"基本"选项卡的"选项"选项组中选择"增加"单选按

钮，然后单击 （确定）按钮。

图 3-73　创建圆柱体

创建此细长的圆柱体

图 3-74　创建细长的圆柱体

选择进行布尔运算操作的目标主体

图 3-75　选取要布尔运算的目标主体

选择要布尔运算的工件主体

图 3-76　选择要布尔运算的工件主体

（10）布尔运算-切割。

在菜单栏中选择"实体"|"布尔运算"命令，选取图 3-77 所示的实体作为要布尔运算的目标主体，接着选择图 3-78 所示的圆柱体（光标所指的细长圆柱体）作为工件主体，按〈Enter〉键确定。系统打开"布尔运算"对话框，在"基本"选项卡的"选项"选项组中选择"移除"单选按钮。

选择进行布尔运算操作的目标主体

图 3-77　选择要布尔运算的目标主体

选择要布尔运算的工件主体

图 3-78　选择工件主体

在"布尔运算"对话框中单击 ✓ (确定) 按钮，完成"布尔运算-切割"的效果如图 3-79 所示。

（11）创建拔模斜度面。

在菜单栏中选择"实体"|"拔模"|"依照实体面拔模"命令，系统提示"选择要拔模的实体面"，选择图 3-80 所示的实体面作为要拔模的实体面，按〈Enter〉键确定。

图 3-79　布尔运算-切割效果

图 3-80　选择要拔模的实体面

系统提示"选择平面指定拔模面"，在该提示下选择图 3-81 所示的平整圆环面（鼠标光标所指的）。系统弹出"依照实体面拔模"对话框，在"基本"选项卡的"选项"选项组中勾选"沿切线边界延伸"复选框，在"角度"选项组中设置拔模角度为 30，如图 3-82 所示。

图 3-81　选择平面

图 3-82　"依照实体面拔模"对话框

在"依照实体面拔模"对话框中单击 ✓ (确定并创建新操作) 按钮，完成该拔模的效果如图 3-83 所示。

　　系统重新出现"选择要拔模的实体面"的提示信息，使用动态旋转工具翻转模型视角后，在箱体的另一侧选择要拔模的对应实体面并按〈Enter〉键，接着选择相应的平整圆环面，并利用弹出的"依照实体面拔模"对话框设置和先前拔模一样的拔模参数，然后单击◎（确定）按钮，结果如图 3-84 所示。

图 3-83　拔模结果 1

图 3-84　拔模结果 2

　　（12）实体倒圆角。

　　在菜单栏中选择"实体"|"圆角"|"固定半径圆角"命令，接着在"实体选择"对话框中确保选中 ▣（边界）按钮和 ▣（背面）按钮，而不选中 ▣（面）和 ▣（主体）按钮等，在绘图区选择图 3-85 所示的箱体内腔 4 条边线，按〈Enter〉键确定，系统弹出"固定圆角半径"对话框，按照图 3-86 进行设置，单击◎（确定）按钮。

图 3-85　选择要倒圆角的边线

图 3-86　设置实体倒圆角参数

　　使用同样的方法，在箱体零件的其他边界处创建合适的圆角特征，圆角后的参考效果如图 3-87 所示。

图 3-87　倒圆角后的参考效果

（13）绘制二维图形。

在属性状态栏中单击"层别"标签，打开"层别管理"对话框。在"层别号码"文本框中输入2，在"层别名称"文本框中输入"曲线"，然后在"层别管理"对话框中单击 ☑（确定）按钮，从而完成该图层设置。

接受默认的线框颜色。在"绘图视角"工具栏中单击 🗇（右视图）按钮，确保绘图平面为右视图。构图深度 Z 为 0。

绘制图 3-88 所示的二维图形。

图 3-88　绘制二维图形

（14）以拉伸的方式切除出若干安装孔。

在属性状态栏中设置"层别"为1，接受默认的实体颜色。

在菜单栏中选择"实体"|"拉伸"命令，系统弹出"串连选项"对话框。以串连的方式选择上步骤所创建的 4 个大小相同的小圆，单击"串连选项"对话框中的 ☑（确定）按钮。系统弹出"实体拉伸"对话框，从中进行图 3-89 所示的设置，然后单击 ◎（确定）按钮，完成的拉伸切除效果如图 3-90 所示。

（15）隐藏辅助曲线。

在属性状态栏中单击"层别"标签，打开"层别管理"对话框。利用该对话框设置曲线层所在的层别 2 为不显示状态（即取消高亮标记），然后单击 ☑（确定）按钮。

图 3-89 实体拉伸的设置

图 3-90 拉伸切除的效果

（16）保存文件。

此时，完成的箱体零件模型如图 3-91 所示。

图 3-91 箱体零件的实体模型

在菜单栏中选择"文件"|"保存"命令，在系统弹出的"另存为"对话框中选择要保存的位置，指定文件名为"箱体"，其扩展名为.MCX-9，然后单"保存"按钮。

3.2.4 绘制卧式柱塞泵的泵套零件

本范例要完成的实体模型为卧式柱塞泵的泵套零件，要求根据图 3-92 所示的工程图主要尺寸（图中未注倒角均为 C0.8）来创建该泵套零件的三维模型。在该范例中主要应用到"旋转实体""拉伸实体""布尔运算-切割""实体旋转复制"和"实体倒角"等功能，要求读者具有良好的工程图读图能力。

本范例卧式柱塞泵的泵套零件的创建方法及步骤如下。

（1）新建一个图形文件。

在工具栏中单击 ⬚（新建）按钮，或者从菜单栏的"文件"菜单中选择"新建"命令，从而新建一个 Mastercam X9 文件。

图 3-92　卧式柱塞泵的泵套零件

（2）设置相关属性状态。

在属性状态栏中单击"层别"标签，打开"层别管理"对话框。在"层别号码"文本框中输入 1，在"层别名称"文本框中输入"旋转曲线 A"，然后在"层别管理"对话框中单击 （确定）按钮，从而完成该图层设置。

将线框颜色设置为红色，绘图平面（构图面）为"俯视"，构图深度 Z 为 0，屏幕视角也是"俯视"，线型为实线，线宽为稍粗一点的。

（3）绘制二维图形。

执行"绘图"|"绘线"|"任意线"命令，按照已有的零件图来绘制图 3-93 所示的连续二维图形。

图 3-93　绘制二维图形

（4）设置用于创建实体的属性状态。

在属性状态栏中单击"层别"标签，打开"层别管理"对话框。在"层别号码"文本框中输入 2，在"层别名称"文本框中输入"实体"，然后在"层别管理"对话框中单击 （确定）按钮，从而完成该新图层设置。

（5）创建旋转实体。

在菜单栏中选择"实体"|"旋转"命令，或者在工具栏中单击 （旋转实体）按钮，系统弹出"串连选项"对话框，以串连的方式选择图 3-94 所示的闭合图形作为旋转的串连

图素，单击"串连选项"对话框中的 ✓ （确定）按钮。

选择图 3-95 所示的一条直线作为旋转中心参考轴。

图 3-94 选择旋转的串连图素

图 3-95 选择一条直线作为参考轴

系统弹出"旋转实体"对话框，在"基本"选项卡中设置图 3-96 所示的选项和参数，以及切换到"高级"选项卡，确保取消勾选"壁厚"复选框，如图 3-97 所示。

图 3-96 "旋转实体"对话框"基本"选项卡

图 3-97 "高级"选项卡

在"旋转实体"对话框中单击 ⊘ （确定）按钮，并以实体着色的形式显示实体模型，效果如图 3-98 所示。

图 3-98 实体着色

（6）绘制用于创建沉头孔的旋转截面。

在属性状态栏中单击"层别"选项标签，打开"层别管理"对话框。在"层别号码"文本框中输入 3，在"层别名称"文本框中输入"沉头孔的旋转截面"。接着将"旋转曲线 A"的层别 1 设置为不显示，然后单击 ✓ （确定）按钮。

同时确保将线框颜色设置为代号为 12 的红色。

绘制图 3-99 所示的旋转截面。

图 3-99   绘制旋转截面

（7）创建沉头孔外形形状的旋转实体。

在属性状态栏中将当前"层别"设置为 2，接受默认的实体颜色。

在菜单栏中选择"实体"|"旋转"命令，选择图 3-100 所示的闭合图形作为旋转的串连图素，单击"串连选项"对话框中的 ✓ （确定）按钮。接着选择图 3-101 所示的一条直线作为旋转的参考轴。

图 3-100   选择旋转的串连图素

图 3-101   选择一直线作为旋转中心轴

系统打开"旋转实体"对话框，在"基本"选项卡的"选项"选项组中选择"创建主体"单选按钮，选中"创建单一操作"复选框，并在"旋转轴"选项组中接受默认的起始角度为 0，结束角度为 360，如图 3-102 所示。单击 ◎ （确定）按钮，完成创建该旋转实体。创建的旋转实体如图 3-103 所示，图中已经将层别 3 的沉头孔旋转截面设置为不显示，并且以等角视图显示。

（8）旋转复制实体。

在"绘图视角"工具栏中单击 （右视图）按钮，将屏幕视角和绘图平面设置为"右视图"。

图 3-102 "旋转实体"对话框

创建此旋转实体

图 3-103 创建旋转实体

在菜单栏中选择"转换"|"旋转"命令，选择上步骤所创建的旋转实体，如图 3-104 所示，按〈Enter〉键确定。

旋转:选择要旋转的图形

图 3-104 选择图形对象去旋转

系统弹出"旋转"对话框，设置图 3-105 所示的旋转选项及参数，注意旋转中心位置，单击 （确定）按钮，旋转复制的结果如图 3-106 所示。

（9）布尔运算-切割操作。

在"绘图视角"工具栏中单击 （等角视图）按钮。

图 3-105　设置旋转选项及参数　　　　　图 3-106　旋转复制的结果

在菜单栏中选择"实体"|"布尔运算"命令，选择图 3-107 所示的实体作为要布尔运算的目标主体，接着依次选择其中的 3 个小旋转实体作为工件主体，按〈Enter〉键确定。系统打开"布尔运算"对话框，在"基本"选项卡中选择"移除"单选按钮，取消勾选"非关联实体"复选框，单击◎（确定）按钮，完成此布尔运算切割的结果如图 3-108 所示。

图 3-107　选择要布尔运算的目标主体　　　　图 3-108　布尔运算切割的效果

（10）创建圆柱体。

在菜单栏中选择"绘图"|"基本实体"|"圆柱体"命令，系统弹出"圆柱"对话框，并使该对话框显示更多设置内容。选择"实体"单选按钮，设置圆柱体半径为 3，高度/长度为 25，接着单击"切换方向"按钮直到切换为向两侧方向生成圆柱体，然后在"轴"选项组中选择 Y 单选按钮，如图 3-109 所示。在"自动抓点"工具栏中单击 ⁺ʸ（快速绘点）按钮，在坐标输入框中输入"24,0,0"，按〈Enter〉键确定，然后单击 ✓ （确定）按钮。创建的圆柱体如图 3-110 所示。

图 3-109　"圆柱"对话框

图 3-110　创建圆柱体

（11）布尔运算-切割操作。

在菜单栏中选择"实体"|"布尔运算"命令，选择图 3-111 所示的实体作为要布尔运算的目标主体，接着选择细长的圆柱体作为要布尔运算的工件主体，按〈Enter〉键确定，在弹出的"布尔运算"对话框中选择"移除"单选按钮，单击 （确定）按钮，结果如图 3-112所示。

图 3-111　选择目标主体

图 3-112　布尔运算-切割效果

（12）实体倒角。

在菜单栏中选择"实体"|"倒角"|"单一距离倒角"命令，在"实体选择"对话框中只选中 （选择边）按钮，选择图 3-113 所示的 3 条边作为要倒角的边参照，按〈Enter〉键确定，系统弹出"单一距离倒角"对话框，如图 3-114 所示，设置距离为 0.8，勾选"沿切线边界延伸"复选框。

单一距离倒角

基本 高级

选项

名称： 单一距离倒角

☑ 沿切线边界延伸

☐ 角落斜接

选择

边界 1

边界 2

边界 3

距离

0.8000

选择要倒角的图形

图 3-113　选择要倒角的图素　　　　　图 3-114　"单一距离倒角"对话框

在"单一距离倒角"对话框中单击 ◎（确定）按钮，倒角效果如图 3-115 所示。

图 3-115　倒角效果

（13）保存文件。

至此，完成的卧式柱塞泵的泵套零件如图 3-116 所示。

图 3-116　卧式柱塞泵泵套零件的完成效果

在菜单栏中选择"文件"|"保存"命令，在系统弹出的"另存为"对话框中选择要保存的位置，指定文件名为"泵套零件"，其扩展名为.MCX-9，然后单击"保存"按钮。

3.2.5 绘制螺旋-花键杆

本范例要完成的实体模型为图 3-117 所示的螺旋-花键杆。在该范例中主要学习"举升实体""挤出实体""画圆柱体"和"实体布尔运算"等应用知识。

图 3-117　螺旋-花键杆

本范例螺旋-花键杆的创建方法及步骤如下。

（1）新建一个图形文件。

在工具栏中单击 □（新建）按钮，或者从菜单栏的"文件"菜单中选择"新建"命令，从而新建一个 Mastercam X9 文件。

（2）设置相关属性状态。

在属性状态栏中单击"层别"标签，打开"层别管理"对话框。在"层别号码"文本框中输入 1，在"层别名称"文本框中输入"举升截面曲线"，然后在"层别管理"对话框中单击 ✓（确定）按钮，从而完成该图层设置。

将线框颜色设置为红色。

在"绘图视角"工具栏中单击 🔲（右视图）按钮，将屏幕视角和绘图平面均设置为"右视图"。构图深度 Z 为 0。

（3）绘制一个截面图形。

绘制图 3-118 所示的图形，图形的中心位于坐标原点处。在该截面图形绘制过程中，可以执行"绘图"|"绘线"|"任意线"命令、"绘图"|"绘弧"|"已知圆心点画圆"命令、"转换"|"旋转"命令和修剪/打断/延伸等相关命令。

图 3-118　绘制截面图形

（4）平移复制。

在菜单栏中选择"转换"|"平移"命令，选择图 3-119 所示的方框内的所有图素，按

〈Enter〉键确定。系统弹出"平移"对话框，按照图 3-120 所示的选项及参数进行设置，然后单击 （确定）按钮。

图 3-119 选择要平移复制的图素

图 3-120 设置平移选项

在"绘图视角"工具栏中单击 ⬡（等视图）按钮，可以直观地观察到所完成的图素平移复制的效果，如图 3-121 所示。

图 3-121 图素平移复制

（5）设置用于创建实体的属性状态。

在属性状态栏中单击"层别"标签，打开"层别管理"对话框。在"层别号码"文本框

中输入2，在"层别名称"文本框中输入"实体"，然后在"层别管理"对话框中单击 （确定）按钮，从而完成该新图层设置。

　　将实体颜色设置为3号颜色。

　　（6）创建举升实体。

　　在菜单栏中选择"实体"|"举升"命令，系统弹出"串连选项"对话框，单击选中 （串连）按钮，依次选择定义举升实体的5个外形串连，如图3-122所示，注意各外形串连的起始方向（可以由选择位置来相应定义），然后单击"串连选项"对话框中的 （确定）按钮。

图3-122　选择外形串连

　　系统弹出图3-123所示的"举升"对话框，选择"创建主体"单选按钮，取消勾选"创建直纹实体"复选框，单击 （确定）按钮。创建的实体如图3-124所示。

图3-123　"举升"对话框

图3-124　创建举升实体

　　（7）隐藏举升串连外形。

　　在属性状态栏中单击"层别"标签，打开"层别管理"对话框。单击层别1的"高亮"单元格，以切换层别1的状态为不显示状态，然后单击 （确定）按钮。此时，屏幕窗口中显示的举升实体如图3-125所示。

图 3-125　举升实体

（8）创建一个圆柱体。

在菜单栏中选择"绘图"|"基本实体"|"圆柱体"命令，系统弹出图 3-126a 所示的"圆柱"对话框。在该对话框中单击 按钮，使对话框中显示更多的选项，选择"实体"单选按钮，设置圆柱体半径为 15，圆柱体高度为 20，扫描起始角度为 0，终止角度为 360，在"轴"选项组中选择 X 单选按钮，如图 3-126b 所示。

a)　　　　　　　　　　　　b)

图 3-126　"圆柱"对话框

a) 显示内容较少的"圆柱"对话框　b) 设置圆柱体选项及参数

在"自动抓点"工具栏中单击 （快速绘点）按钮，在坐标输入框中输入"200,0"，按〈Enter〉键确定，应用此设置参数来创建的圆柱体如图 3-127 所示。

（9）再创建一个圆柱体。

在"圆柱体"对话框中将圆柱体半径设置为 19，圆柱体高度为 50，同样选择 X 单选按钮，接着在"自动抓点"工具栏中单击 （快速绘点）按钮，在坐标输入框中输入"220,0"，按〈Enter〉键确定，然后在"圆柱体"对话框中单击 （确定）按钮，创建的第二个圆柱体如图 3-128 所示。

图 3-127　创建圆柱体 1

图 3-128　创建圆柱体 2

（10）执行"布尔运算-结合"操作。

在菜单栏中选择"实体"|"布尔运算"命令，选择举升实体作为目标主体，接着选择两个圆柱体作为要布尔运算的工件主体，然后按〈Enter〉键确定，系统打开"布尔运算"对话框，选择"增加"单选按钮，单击 （确定）按钮，从而将所选的 3 个实体组合成一个实体。

（11）设置图层、绘图视角与构图深度等。

在属性状态栏中单击"层别"标签，打开"层别管理"对话框。在"层别号码"文本框中输入 3，在"层别名称"文本框中输入"挤出截面"，然后在"层别管理"对话框中单击 （确定）按钮，从而完成该新图层设置。

在"绘图视角"工具栏中单击 （右视图）按钮，将屏幕视角和绘图平面均设置为"右视图"，并在属性状态栏的 Z 文本框中设置构图深度 Z 为 270，如图 3-129 所示。

图 3-129　设置视角及构图深度等

（12）在指定的绘图平面中绘制所需的二维图形。

首先绘制图 3-130 所示的图形，然后执行"转换"|"旋转"命令，以旋转复制的方式获得图 3-131 所示的二维图形效果。

（13）设置图素属性状态。

在属性状态栏中设置"层别"为 2。

（14）执行"拉伸实体"命令来切除材料以构建出花键结构。

在菜单栏中选择"实体"|"拉伸"命令，系统弹出"串连选项"对话框，单击选中

（串连）按钮，选择之前绘制的 6 个封闭图形，单击"串连选项"对话框中的 ✓（确定）按钮。

图 3-130　绘制二维图形

图 3-131　旋转复制的效果

系统弹出"实体拉伸"对话框，在"基本"选项卡中选择"切割主体"单选按钮，设置距离为 50，勾选"两端同时延伸"复选框，并单击 ↔（全部反向）按钮，此时如图 3-132 所示，然后单击该对话框中的 ◎（确定）按钮。完成拉伸切割材料操作。

在"绘图视角"工具栏中单击 ◈（等角视图）按钮，可以观察到构建的花键结构，如图 3-133 所示，图中已经将挤出截面所在层别设置为不显示（即不显示挤出截面）。

图 3-132　实体拉伸的设置

图 3-133　拉伸切割的效果

（15）保存文件。

在菜单栏中选择"文件"|"保存"命令，接着在系统弹出的"另存为"对话框中选择要保存的位置，并指定文件名为"螺旋-花键杆"，其扩展名为.MCX-9，然后单击"保存"按钮。

3.2.6　绘制带轮

本范例要完成的实体模型为图 3-134 所示的带轮。在该范例中主要应用到"旋转实体""拉伸实体""牵引实体""实体圆角"和"实体倒角"等操作。

图 3-134　绘制带轮

本范例带轮的构建方法及步骤如下。

（1）新建一个图形文件。

在工具栏中单击 □（新建）按钮，或者从菜单栏的"文件"菜单中选择"新建文件"命令，从而新建一个 Mastercam X9 文件。

（2）设置相关属性状态。

在属性状态栏中单击"层别"标签，打开"层别管理"对话框。在"层别号码"文本框中输入 1，在"层别名称"文本框中输入"前视图曲线 A"，然后在"层别管理"对话框中单击 ✓（确定）按钮。

在状态栏中将线框颜色设置为红色（颜色代号为 12）。

在"绘图视角"工具栏中单击 ▣（前视图）按钮，将屏幕视角和绘图平面均设置为"前视图"，而 WCS 为俯视图。构图深度为 0。

（3）绘制前视图的旋转截面 A。

使用所需的绘图工具或命令，绘制图 3-135 所示的二维图形。

图 3-135　绘制二维图形

（4）绘制一个旋转实体。

在属性状态栏中单击"层别"标签，打开"层别管理"对话框。在"层别号码"文本框中输入2，在"层别名称"文本框中输入"旋转实体"，然后在"层别管理"对话框中单击 ✓ （确定）按钮。接着将实体颜色设置为 3 号颜色。

在菜单栏中选择"实体"|"旋转"命令，系统弹出"串连选项"对话框，接受默认的串连方式，选择旋转的串连图素，如图 3-136 所示，然后单击"串连选项"对话框中的 ✓ （确定）按钮。接着选择图 3-137 所示的直线作为参考轴。

图 3-136 "串连选项"对话框

选择作为旋转轴的线

图 3-137 选择直线作为参考轴

系统弹出"旋转实体"对话框，该对话框包括"基本"和"高级"两个选项卡。在"基本"选项卡的"选项"选项组中接受默认的名称为"旋转"，选择"创建主体"单选按钮，勾选"创建单一操作"复选框，在"角度"选项组中接受默认的起始角度为 0，结束角度为 360，如图 3-138 所示。单击 ✓ （确定）按钮，完成创建的旋转实体如图 3-139 所示。

图 3-138 "旋转实体"对话框

图 3-139 旋转实体

（5）绘制旋转截面 B 定义 V 形槽截面。

在属性状态栏中单击"层别"标签，打开"层别管理"对话框。在"层别号码"文本框

中输入3，在"层别名称"文本框中输入"前视图曲线 B"，另外设置不显示层别 1。然后在"层别管理"对话框中单击 ✓ （确定）按钮。

使用所需的绘图工具或命令，绘制图 3-140 所示的二维图形。

（6）以平移复制的方式完成 4 个 V 形槽截面。

在菜单栏的"转换"菜单中选择"平移"命令，以窗口方式选取图 3-141 所示的二维图形作为要平移的图素，按〈Enter〉键确定。

图 3-140　绘制二维图形 　　　　　　　　图 3-141　选取图素去平移

系统弹出"平移"对话框，从中设置图 3-142 所示的选项及参数，然后单击 ✓ （确定）按钮。平移复制的图形结果如图 3-143 所示。

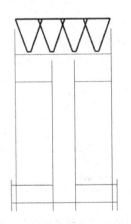

图 3-142　设置平移参数 　　　　　　　图 3-143　平移复制的图形结果

（7）以旋转的方式切除出 V 形槽。

在属性状态栏中单击"层别"标签，打开"层别管理"对话框。在"层别号码"文本框中输入4，在"层别名称"文本框中输入"实体处理"，然后在"层别管理"对话框中单击 ☑（确定）按钮。

在菜单栏中选择"实体"|"旋转"命令，接着以串连的方式选择图 3-144 所示的 4 个串连图素作为旋转的串连图素，单击 ☑（确定）按钮或者按〈Enter〉键以确认，再选择图 3-145 所示的中心线作为旋转参考轴，系统弹出"方向"对话框，单击 ☑（确定）按钮。

图 3-144　选择旋转的串连图素

选择作为旋转轴的线

图 3-145　选择一条直线作为参考轴

系统弹出"旋转实体"对话框。在"基本"选项卡的"选项"选项组中选择"切割主体"单选按钮，勾选"创建单一操作"复选框，在"角度"选项组中接受默认旋转的起始角度为 0，终止角度为 360，如图 3-146 所示，单击 ☑（确定）按钮。单击 ●（边界着色）按钮，切换为图形边线着色状态，效果如图 3-147 所示。

图 3-146　设置旋转实体选项及参数

图 3-147　图形边线着色

（8）隐藏二维图形。

在属性状态栏中单击"层别"标签，打开"层别管理"对话框。单击层别 3 的"高亮"单元格，以取消其高亮状态。单击 ✓ （确定）按钮。

（9）绘制右视图的切割截面。

在属性状态栏中单击"层别"标签，打开"层别管理"对话框。在"层别号码"文本框中输入 5，在"层别名称"文本框中输入"右视图的切割截面"，然后在"层别管理"对话框中单击 ✓ （确定）按钮。

在"绘图视角"工具栏中单击 （右视图）按钮，将视角和绘图平面设置为"右视图"，而 WCS 仍然为"俯视图"形式。单击 （线框）按钮以线框模式显示模型。

绘制图 3-148 所示的图形。

（10）以拉伸的方式切除实体材料。

在属性状态栏中将当前"层别"设置为 4，实体颜色代号设置为 3。

在菜单栏中选择"实体"|"拉伸"命令，选择之前绘制的右视图切割截面串连图素（实线的），单击"串连选项"对话框中的 ✓ （确定）按钮。系统弹出"实体拉伸"对话框，从中进行图 3-149 所示的选项及参数设置，单击 （确定）按钮，完成效果如图 3-150 所示。

图 3-148 绘制图形

图 3-149 实体拉伸的设置

（11）隐藏二维图形和调整视角。

在属性状态栏中单击"层别"标签，打开"层别管理"对话框。单击层别 5 的"高亮（突显）"单元格，然后单击 ✓ （确定）按钮。

在"绘图视角"工具栏中单击 （等角视图）按钮。此时带轮显示的效果如图 3-151 所示。

图 3-150 完成效果

图 3-151 等角视图

（12）执行"依照实体面拔模"命令来构建拔模效果。

在菜单栏中选择"实体"|"拔模"|"依照实体面拔模"命令，选择要拔模的实体面，如图 3-152 所示，按〈Enter〉键确定，接着选择图 3-153 所示的实体平面。

图 3-152 选择要拔模的实体面

图 3-153 选择平面

系统弹出"依照实体面拔模"对话框，勾选"沿切线边界延伸"复选框，设置拔模"角度"为 5，如图 3-154 所示。此时，预览的拔模效果如图 3-155 所示。

图 3-154 设置拔模参数

图 3-155 预览的拔模效果

说明：在某些设计场合，如果发现预览的拔模角度方向不对，那么可以在"依照实体面拔模"对话框的"基本"选项卡中单击 ↔（反向）按钮，从而将拔模角度的方向更改到相反侧。

在"依照实体面拔模"对话框中单击 ✓（确定）按钮，完成该拔模操作。此时带轮整体效果如图 3-156 所示。

使用同样的方法，在带轮的另一侧区域创建拔模角度同样为 5° 的拔模结构，完成效果如图 3-157 所示。

图 3-156 完成一处拔模后的带轮整体效果

图 3-157 实体拔模操作 2

（13）实体倒角。

单击 ⬚（等视图）按钮，在菜单栏中选择"实体"|"倒角"|"单一距离倒角"命令，选择要倒角的边线，如图 3-158 所示，按〈Enter〉确定，系统弹出图 3-159 所示的"单一距离倒角"对话框，从中设置图 3-159 所示的选项及参数，然后单击 ✓（确定并创建新操作）按钮。

选择要倒角的图形

图 3-158 选择要倒角的边线

图 3-159 "单一距离倒角"对话框

将光标置于绘图区，按住鼠标中键翻转带轮模型，使另一侧面可见。选择要倒角的图形（边线），如图 3-160 所示，按〈Enter〉确定，接着利用"单一距离倒角"对话框设置倒角距离为 2，单击 ◎（确定）按钮，倒角结果如图 3-161 所示。

图 3-160　选择要倒角的边线

图 3-161　倒角结果

（14）实体倒圆角。

在菜单栏中选择"实体"|"圆角"|"固定半径圆角"命令，系统出现"选择图形去圆角"的提示信息，在图 3-162 所示的"实体选择"对话框中只单击选中 ▦（选择边界）按钮。

选择图 3-163a 所示的两条边界，接着翻转模型，选择图 3-163b 所示的另两条边界，即选择带轮两面的一共 4 条辐板边界，按〈Enter〉键确定。

系统弹出"固定圆角半径"对话框，勾选"沿切线边界延伸"复选框，设置"半径"为 10，其他设置如图 3-164 所示，然后单击 ◎（确定）按钮，圆角的完成效果如图 3-165 所示。

图 3-162　"实体选择"对话框

a)

b)

图 3-163　选择要圆角的多条边界

a) 选择两条边界　b) 选择另两条边界

图 3-164　"固定圆角半径"对话框　　　　　图 3-165　圆角的完成效果

（15）保存文件。

在菜单栏中选择"文件"|"保存"命令，接着在系统弹出的"另存为"对话框中选择要保存的位置，并指定文件名为"带轮"，其扩展名为.MCX-9，然后单击"保存"按钮。

3.2.7 绘制玩具车轮三维实体与其一凹模

本范例要完成的零件是某摩托车玩具的车轮模型，如图 3-166 所示，在该范例中还将介绍如何通过三维模型构建相应的模具，以构建其中一个凹模为例，如图 3-167 所示。

图 3-166　玩具车轮三维实体模型　　　　　图 3-167　完成的凹模形状

在该范例中主要应用"旋转实体""挤出实体""实体圆角"和"实体布尔运算"等。

1. 绘制玩具车轮三维实体

（1）新建一个图形文件。

在工具栏中单击 □（新建）按钮，或者从菜单栏的"文件"菜单中选择"新建"命令，从而新建一个 Mastercam X9 文件。

（2）设置相关属性状态。

在属性状态栏中单击"层别"标签，打开"层别管理"对话框。在"层别号码"文本框中输入 1，在"层别名称"文本框中输入"旋转截面"，然后在"层别管理"对话框中单击

✓ （确定）按钮。

在状态栏中将线框颜色设置为红色（颜色代号为12）。

在"绘图视角"工具栏中单击 📦 （前视图）按钮，将屏幕视角和绘图平面均设置为"前视图"，而 WCS 为俯视图。构图深度为0。

（3）绘制旋转截面。

使用所需的二维图形绘制工具或命令，绘制图 3-168 所示的二维图形。

图 3-168　绘制二维图形

（4）创建旋转实体。

在属性状态栏中单击"层别"标签，打开"层别管理"对话框。在"层别号码"文本框中输入2，在"层别名称"文本框中输入"实体"，然后在"层别管理"对话框中单击 ✓ （确定）按钮。接着将实体颜色设置为3号颜色。

在菜单栏中选择"实体"|"旋转"命令，系统弹出"串连选项"对话框，接受默认的串连方式，选择旋转的串连图素，如图 3-169 所示，然后单击"串连选项"对话框中的 ✓ （确定）按钮。接着选择图 3-170 所示的直线作为参考轴。

图 3-169　选择旋转的串连图素

图 3-170　选择线定义旋转轴

系统打开"旋转实体"对话框，在"基本"选项卡中设置图 3-171 所示的旋转实体基本参数，单击 ◎ （确定）按钮，完成创建图 3-172 所示的旋转实体。

（5）绘制用于创建拉伸实体的二维图形。

在属性状态栏中单击"层别"标签，打开"层别管理"对话框。在"层别号码"文本框中输入3，在"层别名称"文本框中输入"拉伸截面"，然后在"层别管理"对话框中单击 ✓ （确定）按钮。

在"绘图视角"工具栏中单击 📦 （俯视图）按钮，将视角和绘图平面均设置为俯视图，WCS 默认为俯视图。将构图深度 Z 设置为8.5。

图 3-171　"旋转实体"对话框

图 3-172　完成创建旋转实体

使用所需的绘图命令（"绘图"|"绘弧"|"已知圆心点画圆""绘图"|"绘线"|"任意线""绘图"|"圆角"|"固定半径圆角"），绘制图 3-173 所示的二维图形。

图 3-173　绘制二维图形

在菜单栏中选择"转换"|"旋转"命令，选择要旋转的图形，如图 3-174 所示，按〈Enter〉键确定，系统弹出"旋转"对话框，按照图 3-175 所示的选项及参数进行设置，然后单击 ✓ （确定）按钮。

图 3-174　选取要旋转的图形

图 3-175　设置旋转参数

在工具栏中单击 ✎ （修剪/打断/延伸）按钮，打开图 3-176 所示的"修剪/延伸/打断"操作栏，利用该操作栏的相关工具按钮来对图形进行修剪。

图 3-176　"修剪/延伸/打断"操作栏

修剪结果如图 3-177 所示。修剪后可以执行"屏幕"|"清除颜色"命令。

图 3-177　修剪图形的结果

（6）创建拉伸实体特征。

在属性状态栏中将当前"层别"设置为 2，将构图深度重新设置为 0。

在菜单栏中选择"实体"|"拉伸"命令，选择图 3-178 所示的串连图素作为要拉伸的串连图素，单击"串连选项"对话框中的 ✓ （确定）按钮。系统弹出"实体拉伸"对话框，选择"增加凸台"单选按钮，勾选"创建单一操作"复选框，并勾选"两端同时延伸"复选框，设置"距离"为3.6，如图 3-179 所示。

图 3-178　选择拉伸的串连图素　　　　图 3-179　"实体拉伸"对话框

在"实体拉伸"对话框中单击 ◎ （确定）按钮。接着将相关层别的曲线设置为不显示，效果如图 3-180 所示。

a)　　　　　　　　　　　　　　b)

图 3-180　创建挤出实体后的模型效果

a) 俯视图　b) 自定义视图

（7）绘制圆柱体。

在菜单栏中选择"绘图"|"基本实体"|"圆柱体"命令，系统弹出"圆柱"对话框，

选择"实体"单选按钮，设置圆柱体半径为 16，圆柱体单向生成高度为 2，并单击"切换方向"按钮设置向两侧生成，默认选择"Z"轴选项，如图 3-181 所示。

单击 ⁺ᵂ（快速绘点）按钮，在出现的坐标输入框中输入"0,0,8.5"，按〈Enter〉键确定。确认此应用后绘制的圆柱体如图 3-182 所示。

图 3-181 "圆柱"对话框

图 3-182 绘制一个圆柱体

接着，在"圆柱"对话框中将圆柱体半径设置为 6.2，将 ⬆ 值设置为 9.4，单击 ⁺ᵂ（快速绘点）按钮，在出现的坐标输入框中输入"0,0,8.5"，按〈Enter〉键确定，应用此圆柱体参数后绘制的第二个圆柱体如图 3-183 所示。

在"圆柱"对话框中将圆柱体半径设置为 2，将 ⬆ 值设置为 12，单击 ⁺ᵂ（快速绘点）按钮，在出现的坐标输入框中输入"0,0,8.5"，按〈Enter〉键确定，然后在"圆柱"对话框中单击 ✓（确定）按钮，创建的第三个圆柱体如图 3-184 所示。

图 3-183 绘制第二个圆柱体

图 3-184 绘制第三个圆柱体

（8）布尔运算-结合。

在菜单栏中选择"实体"｜"布尔运算"命令，选择旋转体作为布尔运算的目标主体，接着选择图 3-185 所示的两个圆柱体作为布尔运算的工件主体，按〈Enter〉键确定。接着在打开的"布尔运算"对话框中选择"增加"单选按钮，单击（确定并创建新操作）按钮。

（9）布尔运算-切割。

选择要布尔运算的目标主体，如图 3-186 所示，接着选择小圆柱体作为要布尔运算的工件主体，按〈Enter〉键确定，在"布尔运算"对话框中选择"移除"单选按钮，单击◎（确定）按钮，结果如图 3-187 所示。

图 3-185 布尔运算-结合

选择进行布尔运算操作的目标主体

图 3-186 选择要布尔运算的目标主体

图 3-187 布尔运算-切割结果

（10）实体圆角。

在菜单栏中选择"实体"｜"圆角"｜"固定半径圆角"命令，系统出现"选择图形去圆角"的提示信息，在图 3-188 所示的"实体选择"对话框中只选中 （选择边界）按钮。

使用鼠标分别单击图 3-189 所示的 3 处边线，按〈Enter〉键确定，或者在"实体选择"对话框中单击 （确定）按钮。

图 3-188 "实体选择"对话框

选择图形去倒圆角

图 3-189 选择要圆角的边线

系统弹出"固定圆角半径"对话框,设置图 3-190 所示的参数及选项,注意一定要勾选"沿切线边界延伸"复选框,单击 (确定)按钮,该圆角操作的结果如图 3-191 所示。

图 3-190 "固定圆角半径"对话框   图 3-191 圆角操作结果

使用同样的方法,在玩具车轮的另一面创建同样参数的相应圆角。

(11)创建倒角。

在菜单栏中选择"实体"|"倒角"|"单一距离倒角"命令,选择要倒角的图形,如图 3-192 所示,按〈Enter〉键确定,系统弹出"单一距离倒角"对话框,在"距离"文本框中输入 1,如图 3-193 所示。

图 3-192 选择要倒角的图形   图 3-193 设置实体倒角参数

在"单一距离倒角"对话框中单击 (确定)按钮,完成此步骤得到的倒角结果如图 3-194 所示。

图 3-194 实体倒角结果

（12）保存文件。

在菜单栏中选择"文件"|"保存"命令，接着在弹出的"另存为"对话框中选择要保存的位置，指定文件名为"玩具车轮"，其扩展名为.MCX-9，单击"保存"按钮。

2. 设计玩具车轮的凹模

（1）另存文件。

打开已经完成的"玩具车轮.MCX-9"，接着在"文件"菜单中选择"另存为"命令，系统弹出"另存为"对话框，选择要保存的位置，并在"文件名"文本框中输入"玩具车轮凹模 1.MCX-9"，如图 3-195 所示，然后单击"保存"按钮。

图 3-195 "另存为"对话框

（2）创建圆柱体。

在菜单栏中选择"绘图"|"基本实体"|"圆柱体"命令，系统弹出"圆柱"对话框，选择"实体"单选按钮，设置圆柱体半径为 30，圆柱体高度为 14，默认选择 Z 单选选项，如图 3-196 所示。

在"自动抓点"工具栏中单击 （快速绘点）按钮，在出现坐标输入框中输入"0,0,-

5.5", 按〈Enter〉键确定, 然后在"圆柱"对话框中单击 (确定) 按钮, 创建的一个圆柱体如图 3-197 所示。

图 3-196 设置圆柱体参数

图 3-197 创建一个圆柱体

(3) 布尔运算-切割。

在菜单栏中选择"实体"|"布尔运算"命令, 选择新建的圆柱体作为要进行布尔运算的目标主体, 接着选择玩具车轮实体模型作为工件主体, 按〈Enter〉键确定, 并在"布尔运算"对话框中选择"移除"单选按钮, 单击 (确定) 按钮, 完成该切割布尔运算的结果如图 3-198 所示。

图 3-198 切割布尔运算的结果

(4) 保存文件。

在菜单栏中选择"文件"|"保存"命令。

3.2.8 绘制遥控器实体造型

本范例介绍如何绘制一款遥控器实体造型，完成效果如图 3-199 所示。在该范例中，除了应用一般的实体创建命令之外，还巧妙地应用了"实体修剪"等编辑命令。通过本范例学习，读者可以较为全面地掌握 Mastercam X9 实体造型功能的综合应用，重点学习"扫描实体""举升实体""拉伸实体（也称挤出实体）""实体圆角""实体修剪"等实体造型功能。

图 3-199　遥控器实体造型

本范例具体的创建过程和步骤如下。

（1）新建一个图形文件。

在工具栏中单击 □（新建）按钮，或者从菜单栏的"文件"菜单中选择"新建"命令，从而新建一个 Mastercam X9 文件。

（2）设置相关属性状态。

在属性状态栏中单击"层别"标签，打开"层别管理"对话框。在"层别号码"文本框中输入 1，在"层别名称"文本框中输入"曲线"，然后在"层别管理"对话框中单击 ✓（确定）按钮。

在状态栏中将线框颜色设置为红色（颜色代号为 12）。

在"绘图视角"工具栏中单击 ☞（前视图）按钮，将屏幕视角和绘图平面均设置为"前视图"，而 WCS 为俯视图。构图深度为 0。

（3）绘制主体线架。

绘制图 3-200 所示的闭合曲线 1。

在状态栏的 Z 文本框中输入 80，按〈Enter〉键确定，从而将构图深度设置为 80。接着绘制图 3-201 所示的闭合曲线 2，该闭合曲线由半圆弧（半径为 21）和一条直线构成。

图 3-200　绘制闭合曲线 1

图 3-201　绘制闭合曲线 2

在状态栏的 Z 文本框中输入 160，按〈Enter〉键确定，从而将构图深度设置为 160。接着绘制图 3-202 所示的闭合曲线 3，该闭合曲线由半圆弧（圆弧半径为 29）和一条直线构成。

此时，若单击"绘图视角"工具栏中单击 ☞（等角视图）按钮，可以看到绘制的主体线架如图 3-203 所示。

图 3-202　绘制闭合曲线 3

图 3-203　绘制的线架

（4）构件主体实体。

在属性状态栏中单击"层别"标签，打开"层别管理"对话框。在"层别号码"文本框中输入2，在"层别名称"文本框中输入"主体实体"，然后在"层别管理"对话框中单击 （确定）按钮。接着将实体颜色设置为3号颜色。

在菜单栏中选择"实体"|"举升"命令，按照顺序选择3个线架作为举升实体的外形串连图素，如图3-204所示，注意各外形串连图素的起始位置及方向，然后单击"串连选项"对话框中的 （确定）按钮。

图3-204 指定外形串连图素

系统弹出图3-205所示的"举升"对话框，选择"创建主体"单选按钮，取消勾选"创建直纹实体"复选框，单击 （确定）按钮，创建的举升实体如图3-206所示。

图3-205 "举升"对话框

图3-206 创建举升实体

（5）绘制二维截面曲线。

在属性状态栏中单击"层别"标签，打开"层别管理"对话框。在"层别号码"文本框中输入3，在"层别名称"文本框中输入"曲线"，单击层别1的"高亮（突显）"单元格，然后在"层别管理"对话框中单击 （确定）按钮。

在"绘图视角"工具栏中单击 （前视图）按钮，将屏幕视角和绘图平面均设置为前视图，而 WCS 为俯视图。重新将构图深度 Z 设置为 0。

在菜单栏中选择"绘图"|"绘弧"|"两点画弧"命令，设置圆弧半径为 380，分别指定两点为（−30,−22）和（30,−22），接着在绘图区选取图 3-207 所示的圆弧，然后在操作栏中单击 （确定）按钮，绘制的圆弧如图 3-208 所示。

图 3-207 选择圆弧

图 3-208 绘制的圆弧

接着在菜单栏中选择"绘图"|"绘线"|"任意线"命令，绘制图 3-209 所示的直线。

（6）绘制扫描轨迹线。

在"绘图视角"工具栏中单击 （右视图）按钮，将屏幕视角和绘图平面均设置为右视图，而 WCS 为俯视图。构图深度为 0。

绘制图 3-210 所示的一条直线和一条圆弧，两者为相切关系。

图 3-209 绘制直线段

图 3-210 绘制扫描轨迹线

在"绘图视角"工具栏中单击 （等角视图）按钮，可以看到用于进行"扫描实体"操作的扫描截面和扫描路径，如图 3-211 所示。

图 3-211 等角视图

（7）执行"扫描实体"操作。

在属性状态栏中将当前"层别"设置为2。

在菜单栏中选择"实体"|"扫描"命令，选择要扫掠的串连图素，如图 3-212 所示，单击"串连选项"对话框中的 ✔ （确定）按钮。选择图 3-213 所示的相切曲线作为扫掠路径。

图 3-212　选择要扫掠的串连图素

图 3-213　选择扫掠路径

系统弹出"扫描"对话框，选择"切割主体"单选按钮，并勾选"创建单一操作"复选框，如图 3-214 所示。然后单击该对话框中的 ◎ （确定）按钮，结果如图 3-215 所示。

图 3-214　"扫描"对话框

图 3-215　扫描实体切割

可以利用"层别管理"对话框设置不显示扫描截面和扫描路径曲线。

（8）绘制二维曲线。

在属性状态栏中单击"层别"标签，打开"层别管理"对话框。在"层别号码"文本框中输入 4，在"层别名称"文本框中输入"曲线"，然后在"层别管理"对话框中单击 ✔ （确定）按钮。

在"绘图视角"工具栏中单击 ▣ （俯视图）按钮，将屏幕视角和绘图平面均设置为俯视图，而 WCS 为俯视图。构图深度为 0。

在菜单栏中选择"绘图"|"绘弧"|"三点画弧"命令，依次指定三点，即（-36,-6,0）、（0,0,0）、（36,-6,0），单击"三点画弧"操作栏中的 ✓ （确定）按钮。绘制的该圆弧如图 3-216 所示。

在菜单栏中选择"绘图"|"绘弧"|"三点画弧"命令，依次指定三点，即（-36,-154,0）、（0,-158,0）、（36,-154,0），单击"三点画弧"操作栏中的 ✓ （确定）按钮，绘制的第二段圆弧如图 3-217 所示。

图 3-216　绘制一段圆弧

图 3-217　绘制第二段圆弧

在"绘图视角"工具栏中单击 ▱ （等角视图）按钮。

（9）创建牵引曲面。

在属性状态栏中单击"层别"标签，打开"层别管理"对话框。在"层别号码"文本框中输入 5，在"层别名称"文本框中输入"曲面"，然后在"层别管理"对话框中单击 ✓ （确定）按钮。

在菜单栏中选择"绘图"|"曲面"|"牵引曲面"命令，单击上步骤所创建的其中一条圆弧，按〈Enter〉键确定。系统弹出"牵引曲面"对话框，设置图 3-218 所示的选项及参数，注意牵引长度和角度的方向设置（需要对照预览效果灵活设置），然后单击 ✓ （确定）按钮。使用同样的方法，依据另一条圆弧创建所需的牵引曲面。

图 3-218　利用"牵引曲面"对话框中设置牵引曲面的参数

（10）实体修剪。

以等角视图显示模型。在菜单栏中选择"实体"|"修剪"|"修剪到曲面/薄片"命令，系统弹出图 3-219 所示的"实体选择"对话框，在图形窗口中选择已有的实体模型，接着选择要修剪的曲面，如图 3-220 所示，系统弹出"修剪到曲面/薄片"对话框。在"基本"选项卡中，取消勾选"分割实体"复选框，如图 3-221 所示，然后单击◎（确定并创建新操作）按钮。

图 3-219　"实体选择"对话框

选择要修剪的曲面或薄片

图 3-220　选择要执行修剪的曲面

继续执行"修剪到曲面/薄片"的操作（即指定要被修剪的实体，以及选择另一曲面来修剪实体）。单击◎（确定）按钮后将当前"层别"设置为 2，并隐藏所有的曲线和曲面，效果如图 3-222 所示。

图 3-221　"修剪到曲面/薄片"对话框

图 3-222　修剪实体后的效果

（11）绘制用于建构按键的挤出实体。

在属性状态栏中单击"层别"标签，打开"层别管理"对话框。在"层别号码"文本框

中输入 6，在"层别名称"文本框中输入"曲线"，然后在"层别管理"对话框中单击 ✔
（确定）按钮。

在"绘图视角"工具栏中单击 🔲（俯视图）按钮，将屏幕视角和绘图平面均设置为俯视图，而 WCS 为俯视图。构图深度为 0。

绘制图 3-223 所示的按键布局截面图形，其中未标小椭圆的长轴半径为 4，短轴半径为 3。注意：有些图形具体尺寸可以由读者自行设定。在绘制相关图形的过程中，可以巧妙地应用"转换"菜单下的"阵列"命令、"平移"命令和"旋转"命令。

在"绘图视角"工具栏中单击 🔲（等角视图）按钮，并按〈Alt+S〉组合键切换为实体着色显示模式，此时效果如图 3-224 所示。

图 3-223 绘制按键布局截面图形

图 3-224 绘制按键布局图形

（12）拉伸切割实体。

在属性状态栏中单击"层别"标签，打开"层别管理"对话框。在"层别号码"文本框中输入"7"，在"层别名称"文本框中输入"按键实体"，然后在"层别管理"对话框中单击 ✔（确定）按钮。

在菜单栏中选择"实体"|"拉伸"命令，选择图 3-225 所示的带圆角的矩形作为要拉伸的串连图素，单击"串连选项"对话框中的 ✔（确定）按钮。系统弹出"实体拉伸"对话框，在"基本"选项卡的"选项"选项组中选择"切割主体"单选按钮，勾选"创建单一操作"复选框，在"距离"选项组中将"距离"设置为 0.5，并根据默认的拉伸方向决定是否在"串连"选项组中单击 ↔（反向）按钮，正确的拉伸切除方向如图 3-226 所示。

图 3-225　选择要拉伸的串连图素　　　　　　图 3-226　实体挤出的设置

在"实体拉伸"对话框中单击 （确定）按钮，效果如图 3-227 所示。

（13）构建按键的三维效果。

在菜单栏中选择"实体"|"拉伸"命令，选择图 3-228 所示的一系列按键截面图形作为要拉伸的串连图素，注意设置各串连图形的起点方向的指向一致。单击"串连选项"对话框中的　 ✓ 　（确定）按钮。

图 3-227　拉伸切割实体　　　　　　　　　图 3-228　选择要拉伸的串连图素

系统弹出"实体拉伸"对话框。在"基本"选项卡中选择"增加凸台"单选按钮，选中"距离"单选按钮，在"距离"文本框中输入拉伸距离为 2，勾选"两端同时延伸"复选框，如图 3-229 所示。

在"实体拉伸"对话框中单击（确定）按钮，创建的按键三维效果如图 3-230 所示。

（14）实体圆角。

在属性状态栏中单击"层别"标签，打开"层别管理"对话框。在"层别号码"文本框中输入8，在"层别名称"文本框中输入"实体圆角"，然后在"层别管理"对话框中单击（确定）按钮。

图 3-229　实体拉伸的设置

在菜单栏中选择"实体"|"圆角"|"固定半径圆角"命令，在"实体选择"对话框中只单击选中（选择边界）按钮，接着在遥控器主体模型中选择要圆角的两条边线，如图 3-231 所示，按〈Enter〉键确定，然后在"固定圆角半径"对话框中设置图 3-232 所示的实体圆角参数，单击（确定）按钮。

图 3-230　创建按键的三维效果

图 3-231　选择要圆角的边线

继续对遥控器主体模型的指定边进行实体圆角操作（见图 3-233），圆角半径可以设置为 R2 或 R3，其参考效果如图 3-234 所示（以边线着色模式显示模式）。为了便于使实体效果显示更整洁美观，可以将相关的曲线层设置为不显示状态。

图 3-232　"固定圆角半径"对话框

图 3-233　圆角效果 1

图 3-234　对遥控器主体模型进行实体圆角的效果

在菜单栏中选择"实体"|"圆角"|"固定半径圆角"命令，对中间的小扇形按键的竖边进行圆角处理，圆角半径为 2，完成的该部分圆角效果如图 3-235 所示。

图 3-235　圆角效果 2

使用同样的方法，执行"实体"|"圆角"|"固定半径圆角"命令，对所有按键的按键面边界进行圆角处理，圆角半径均为 0.8，完成效果如图 3-236 所示。

图 3-236 对按键面边界进行圆角处理后的效果

（15）保存文件。

在菜单栏中选择"文件"|"保存"命令，接着在系统弹出的"另存为"对话框中选择要保存的位置，并指定文件名为"遥控器实体造型"，其扩展名为.MCX-9，然后单击"保存"按钮。

本范例完成的遥控器实体造型效果如图 3-237 所示。

图 3-237 完成的遥控器实体造型效果

第3篇

Mastercam
数控加工

前面介绍的主要是 CAD 方面的知识，通俗地讲，所谓的 CAD 主要用于完成二维或三维几何外形的构建。本部分则介绍 Mastercam X9 系统中的 CAM 应用知识，CAM 主要用于根据设置的切削加工数据（如进刀量、进给率、进刀速率、提刀速率和主轴转速等）和工件几何外形等数据来生成刀具路径。

在本部分中，将通过范例形式来介绍二维加工、曲面粗加工、曲面精加工、线架构加工、多轴加工、车削加工、线切割加工、FBM 铣削和 FBM 钻孔等知识。

第4章 使用二维刀具路径进行数控加工

本章导读：

　　本章主要通过范例的形式来介绍 Mastercam X9 系统中的二维加工功能，主要包括外形铣削加工范例、挖槽铣削加工范例、平面铣削加工范例、钻孔铣削加工范例、全圆路径加工范例和雕刻加工范例等。

　　通过范例进行学习的效率会较佳。

4.1 外形铣削加工范例

　　外形铣削也常被称为轮廓铣削，它指沿着所定义的外形轮廓线进行铣削加工，它是针对垂直及倾斜角度不大的轮廓曲面所使用的一种加工方法，在数控铣削加工中应用非常广泛。外形铣削加工主要用于铣削轮廓边界、倒直角、清除边界残料等场合。

4.1.1 范例加工分析

　　本范例要求对设计的零件二维外形轮廓进行相关的铣削加工，所采用的两把加工刀具分别为直径 16 的平底刀和合适的倒角铣刀，该范例加工示意如图 4-1 所示。

a)　　　　　　　　　　　　　　　　b)

图 4-1　外形铣削加工范例示意

a) 二维外形轮廓　b) 外形铣削加工完成效果图

　　本范例要求依次使用"2D"铣削加工和"2D 倒角"铣削加工。

4.1.2 范例加工操作过程

该外形铣削加工范例的操作过程如下。

1. 绘制外形铣削的二维轮廓

（1）新建一个图形文件。

在工具栏中单击 □（新建）按钮，或者从菜单栏的"文件"菜单中选择"新建"命令，新建一个 Mastercam X9 文件。

（2）在属性状态栏的线型列表框中选择"实线"线型 ━━━，在线宽列表框中选择表示粗实线的线宽，接受默认的线框颜色和实体颜色，另外，默认"层别"为 1，构图面深度 Z 为 0，构图面为俯视图。

（3）绘制图 4-2 所示的二维图形，图中给出了主要的参考尺寸。

图 4-2　绘制二维图形

2. 选择机床加工系统

在菜单栏中选择"机床类型"|"铣床"|"默认"命令。

3. 设置工件毛坯

（1）在图 4-3 所示的操作管理器的"刀具路径管理器"选项卡中，使用鼠标来双击"属性-Mill Default MM"标识，或者单击该标识前的加号，从而展开"属性"节点。

（2）在"属性"节点下单击图 4-4 所示的"毛坯设置"选项标签。

图 4-3　操作管理器

图 4-4　单击"毛坯设置"选项标签

（3）系统弹出"机床群组属性"对话框，并自动切换到"毛坯设置"选项卡。在"形状"选项组中选择"立方体"单选按钮，勾选"显示"复选框和"适度化"复选框，选择"线框"单选按钮，并设置工件形状尺寸和视角坐标，如图4-5所示。

图4-5　毛坯设置

（4）在"机床群组属性"对话框中单击　✓　（确定）按钮。

此时，若单击"绘图视角"工具栏中的　（等角视图）按钮，则可以比较直观地观察到工件毛坯的大小，如图4-6所示。

图4-6　工件毛坯

4. "2D" 外形铣削

（1）在菜单栏中选择"刀路"|"外形"命令。

（2）系统弹出"输入新 NC 名称"对话框，输入名称为"外形铣削加工"，如图 4-7 所示，然后单击该对话框中的 （确定）按钮。

（3）系统弹出"串连选项"对话框，选择 （串连）按钮，选择串连外形轮廓，如图 4-8 所示。然后在"串连选项"对话框中单击 （确定）按钮。

图 4-7 "输入新 NC 名称"对话框

图 4-8 选择外形轮廓串连

（4）系统弹出"2D 刀路-外形铣削"对话框，刀具类型为"外形铣削"。在左上窗格中选择"刀具"类别，接着在刀具列表框的空白区单击鼠标右键，如图 4-9 所示，然后从弹出的快捷菜单中选择"刀具管理"命令，打开"刀具管理"对话框。

图 4-9 右击刀具列表框的空白区域

（5）在"刀具管理"对话框中单击 （选择其他刀库）按钮，利用弹出的"选择刀库"对话框选择"Steel－MM.tooldb"刀库文件，单击"打开"按钮返回到"刀具管理"对话框。从"Steel－MM.tooldb"刀具库中选择直径为 16 的一种平底刀，单击 （将选择的刀库刀具复制到机床群组）按钮，结果如图 4-10 所示。然后单击 （确定）按钮。

（6）返回到"2D 刀路-外形铣削"对话框的"刀具"类别选项卡中，设置"进给速率""下刀速率""主轴方向"和"主轴转速"等，如图 4-11 所示。

图 4-10 "刀具管理"对话框

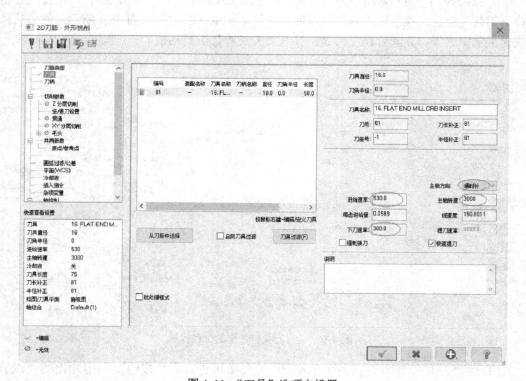

图 4-11 "刀具"选项卡设置

操作说明：在实际加工中，刀具路径参数要根据具体的机床、刀具使用手册和工件材料等因素来选定，本书涉及的刀具路径参数只作参考使用。

（7）在左上窗格中选择"共同参数"类别以切换至"共同参数"类别选项卡，进行图 4-12 所示的外形加工共同参数设置，单击 ➕ （应用）按钮；在左上窗格中选择"切削参数"类别以切换至"切削参数"类别选项卡，设置"补正方式"为"电脑"，"补正方向"为"右"，"校刀位置"为"中心"，"外形铣削方式"为"2D"，其他切削参数如图 4-13 所示，单击 （应用）按钮。

图 4-12　设置外形加工的共同参数

图 4-13　设置切削参数

（8）考虑到工件毛坯在 XY 平面的某区域余量较大，可以选用多次平面铣削。在左上窗格中选择"XY 分层切削"类别，接着勾选"XY 分层切削"复选框，设置图 4-14 所示的分层切削参数，然后单击 ⊕ （应用）按钮。

图 4-14　设置 XY 分层切削

（9）在左上窗格中选择"Z 分层切削"类别，勾选"深度分层切削"复选框，接着设置图 4-15 所示的选项及参数，然后单击 ⊕ （应用）按钮。

图 4-15　设置 Z 分层切削（深度切削）

（10）在左上窗格中选择"进/退刀设置"类别，进行图 4-16 所示的参数设置。适当地将进刀/退刀引线长度和切入切出圆弧的半径设置小一些，可以减少空刀路径。单击 ⊕ （应用）按钮。

图 4-16 设置进刀/退刀参数

（11）在"2D 刀路-外形铣削"对话框中单击 （确定）按钮，产生的外形铣削加工刀具路径如图 4-17 所示。

5. "2D 倒角"外形铣削

（1）在菜单栏中选择"刀路"|"外形"命令。

（2）系统弹出"串连选项"对话框，选择 ◯◯（部分串连）按钮，单击图 4-18 所示的圆弧。然后在"串连选项"对话框中单击 ✓（确定）按钮。

图 4-17 外形铣削刀具路径

图 4-18 选择部分串连

（3）系统弹出"2D 刀路-外形铣削"对话框，选择"公共参数"类别，勾选"参考高度"复选框，以增量坐标的方式设置"参考高度"为 25，"下刀位置"为 5，并以绝对坐标的方式设置工件"表面位置"为 0，"深度"为 0。接着选择"切削参数"类别，在该类别选项页的"外观铣削方式"下拉列表框中选择"2D 倒角"选项，设置倒角"宽度"为 5，"刀尖补正"值为 1，并分别设置"补正方式""补正方向"和校刀位置等，如图 4-19 所示。然后单

击 （应用）按钮。

图 4-19　设置切削参数

（4）在"2D 刀路-外形铣削"对话框的左上窗格中选择"XY 分层切削"类别，取消勾选"XY 分层切削"复选框；在左上窗格中选择"Z 分层切削"类别，取消勾选"深度分层切削"复选框，然后单击 ⊕（应用）按钮。其他切削参数自行设定。

（5）在"2D 刀路-外形铣削"对话框的左上窗格中选择"刀具"类别以切换到"刀具"类别选项页。在刀具列表的空白区域单击鼠标右键，接着从弹出的快捷菜单中选择"刀具管理"命令，打开"刀具管理"对话框。从"Steel - MM.tooldb"刀具库中选择合适的倒角铣刀，单击 ⬆（将选择的刀库刀具复制到机床群组）按钮，结果如图 4-20 所示。然后单击"刀具管理"对话框中的 ✓（确定）按钮。

图 4-20　刀具管理

（6）在"2D 刀路-外形铣削"对话框的"刀具"类别选项页中进行图 4-21 所示的参数设置，包括"进给速率""进刀速率""主轴方向"和"主轴转速"等。

图 4-21　设置刀具路径参数

（7）在"刀具"类别选项页中双击指定的倒角铣刀，系统弹出"定义刀具"对话框，修改"刀尖直径"值等参数，如图 4-22 所示，可以单击"下一步"按钮继续完成该倒角刀的属性，然后单击"定义刀具"对话框中的"完成"按钮。

图 4-22　修改倒角铣刀的参数

（8）在"2D 刀路-外形铣削"对话框中单击 <u>✓</u>（确定）按钮，从而生成外形倒角铣削的刀具路径。

6. 对所有外形铣削加工进行模拟

（1）在刀路操作管理器（也称刀具路径操作管理器）中单击 ▶▶（选择全部操作）按钮，从而选中两个外形铣削加工。

（2）在刀路操作管理器中单击 <u>⊡</u>（验证已选择的操作）按钮，打开"Mastercam 模拟"窗口，在"主页"选项卡中进行图 4-23 所示的设置，并指定精度和速度的滑块位置。

图 4-23 "Mastercam 模拟"对话框

（3）在"Mastercam 模拟"窗口的功能区中切换至"验证"选项卡，接着在"分析"面板中单击选中 <u>⊠</u>（移除碎片）按钮，如图 4-24 所示。

图 4-24 "Mastercam 模拟"对话框的"验证"选项卡

（4）在"Mastercam 模拟"窗口中单击 ●（播放）按钮，从而开始进行加工模拟，完成的加工模拟结果如图 4-25 所示。

（5）由于在功能区"验证"选项卡的"分析"面板中单击选中了 <u>⊠</u>（移除碎片）按钮，此时可以使用鼠标光标在图形窗口中单击全部要移除的 6 块碎片，如图 4-26 所示。

图 4-25　完成的加工模拟结果

图 4-26　指定要移除的碎片

结果如图 4-27 所示。当然也可以在单击 ▶（播放）按钮进行加工模拟后，在功能区"验证"选项卡的"分析"面板中单击 ☑（保留碎片）按钮，接着在图形窗口中使用鼠标光标单击要保留的部分，如图 4-28 所示，即可得到所需的模拟验证结果。

图 4-27　移除不需要的碎片材料后

图 4-28　指定要保留的碎片

（6）在"Mastercam 模拟"窗口中单击 ✖（关闭）按钮。

7. 执行后处理

（1）在刀路操作管理器中单击 G1（锁定选择的操作后处理）按钮，系统弹出图 4-29 所示的"后处理程序"对话框，分别勾选"NC 文件"和"NCI 文件"复选框并进行相应设置，然后单击 ✓（确定）按钮。

图 4-29　"后处理程序"对话框

（2）系统分别弹出"另存为"对话框，从中指定保存位置、文件名、保存类型等，单击 （确定）按钮。

（3）完成 NC 文件和 NCI 文件保存后，系统弹出图 4-30 所示的"Mastercam X9 编辑器"。在该编辑器窗口中显示了生成的数控加工程序，以供用户查询和编辑等。

图 4-30　Mastercam X9 编辑器

4.2　平面铣削加工范例

平面铣削加工简称为面铣加工，该加工方式用于加工工件的特征表面，使其表面形状和位置精度达到设定的要求。

4.2.1　范例加工分析

该范例目的是对一个长方体形状的毛坯件顶面进行面铣削加工，以获得满足形状和位置精度要求的顶面。也就是通过面铣的方式去除工件的面余量，根据图形特点及尺寸，可以采用Φ50的面铣刀进行加工。该范例加工分析示意如图 4-31 所示。

a)　　　　　　　　　　　　　　　　　　　　　　　b)

图 4-31　面铣加工分析示意

a) 2D 面铣加工图形　b) 面铣完成效果

通过该范例学习，可以让读者基本掌握面铣加工的一般步骤。

4.2.2 范例加工操作过程

该平面铣削加工范例的具体操作步骤如下。

1. 创建基本图形

（1）启动 Mastercam X9 软件，接着在工具栏中单击□（新建）按钮，或者从菜单栏的"文件"菜单中选择"新建"命令，新建一个 Mastercam X9 文件。

（2）单击□（矩形）按钮，或者在菜单栏中选择"绘图"|"矩形"命令，绘制图 4-32 所示的基本图形，该矩形图形的中心位置位于原点（0,0）。

2. 选择机床

在本二维铣削加工范例中选择默认的铣床系统。在菜单栏中选择"机床类型"|"铣削"|"默认"命令。

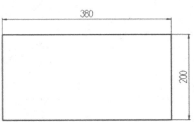

图 4-32 绘制的基本图形

3. 工件设置

（1）在刀路操作管理器中，在"属性"树节点下单击图 4-33 所示的"毛坯设置"选项，系统弹出"机床群组属性"对话框，并自动切换到"毛坯设置"选项卡。

（2）在"毛坯设置"选项卡中单击"边界盒"按钮，选择先前绘制的矩形的所有图素，按〈Enter〉键，系统弹出"边界盒"对话框，从中设置图 4-34 所示的形状和尺寸设置等。然后单击◎（确定）按钮，返回到"机床群组属性"对话框。

图 4-33 单击"毛坯设置"选项

图 4-34 "边界盒"对话框

（3）在"机床群组属性"对话框的"毛坯设置"选项卡中，设置工件坯料尺寸和毛坯原点，并勾选"显示"复选框同时选择"线框"单选按钮，如图 4-35 所示。

图 4-35　设置工件坯料尺寸和毛坯原点等

（4）单击"机床群组属性"对话框中的 ✓（确定）按钮。

4．创建面铣削的刀具路径

（1）在菜单栏中选择"刀路"|"平面铣"命令。

（2）系统弹出"输入新 NC 名称"对话框，在该对话框的文本框中输入"平面铣削"，如图 4-36 所示，然后单击该对话框中的 ✓（确定）按钮。

（3）系统弹出"串连选项"对话框，选择图 4-37 所示的外形轮廓，单击 ✓（确定）按钮。

图 4-36　输入新 NC 名称

图 4-37　选择串连图形

（4）系统弹出"2D 刀路-平面铣削"对话框。在左上窗格中选择"刀具"类别以打开

"刀具"类别选项页，接着单击"从刀库选择"按钮，打开"选择刀具"对话框，单击 （打开刀库）按钮，选择"Steel－MM.tooldb"刀库并单击"打开"按钮来打开该刀库，并在其刀具列表中选择图 4-38 所示的面铣刀，然后单击该对话框中的 （确定）按钮。

图 4-38 选择刀具

（5）在"刀具"类别选项页中设置图 4-39 所示的参数，具体参数可根据铣床设备实际情况和设计要求来自行调整。

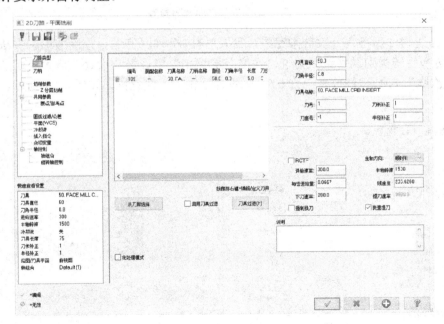

图 4-39 设置刀具路径参数

（6）切换到"共同参数"类别属性页，接受默认的"参考高度""下刀位置"和"工件表面"参数，而在"深度"选项组中选择"绝对坐标"单选按钮，并在"深度"文本框中输入-5，单击 （应用）按钮。切换到"切削参数"类别属性页，分别设置切削"类型"

"校刀位置""刀具在拐角处走圆角"方式、"两切削间移动方式"和"底面预留量"等参数,如图 4-40 所示,然后单击 (应用)按钮。

图 4-40　设置平面铣削参数

面铣深度为 5,不宜一次铣削完成,需要对其 Z 轴深度进行分层加工。方法是切换到"Z 分层切削"子类别属性页,勾选"深度分层切削"复选框,设置"最大粗切步进量"为 2,"精修次数"为 1,"精修量"为 0.5,勾选"不提刀"复选框,如图 4-41 所示。

图 4-41　设置 Z 分层切削参数

(7)在"2D 刀路-平面铣削"对话框中单击 （确定）按钮,生成的面铣加工刀具路径如图 4-42 所示。

图 4-42 生成的面铣加工刀具路径

5. 验证刀具路径、仿真加工和后处理等

（1）在刀路管理器中单击 ≋（模拟已选择的操作）按钮，打开"路径模拟"对话框。利用该对话框和"刀路模拟播放"操作栏进行刀具路径模拟，如图 4-43 所示。完成刀路模拟后在"路径模拟"对话框中单击 ✓（确定）按钮。

图 4-43 刀路模拟

（2）在刀路操作管理器中单击 ⬚（验证已选择的操作）按钮，打开"Mastercam 模拟"窗口。在"Mastercam 模拟"窗口中设置相关的选项及参数，如图 4-44 所示，然后单击 ▶（播放）按钮以开始进行加工模拟，图 4-45 为实体验证过程中的一个截图。完成实体验证后，单击"Mastercam 模拟"窗口中的 ✕（关闭）按钮。

图 4-44 "Mastercam 模拟"对话框

图 4-45 实体验证

（3）在刀路管理器中单击 G1（锁定选择的操作后处理）按钮，执行相关后处理参数的设置来生成该刀具路径的数控加工程序。

（4）保存文件。

4.3 挖槽铣削加工范例

对于零件中的槽和岛屿，可以通过执行"挖槽"功能将工件上指定区域内的材料以一定的方式挖去来实现。挖槽铣削加工形式有 5 种，即"标准挖槽""平面加工""使用岛屿深度""残料加工"和"开放式"。

● "标准挖槽"：用于主体挖槽加工。

● "平面加工"：将挖槽刀具路径向边界延伸指定的距离，以达到对挖槽曲面的铣削。此方式有利于对边界留下的毛刺进行再加工。

● "使用岛屿深度"：采用标准挖槽加工时，系统不考虑岛屿深度变化。该挖槽方式用于处理岛屿深度与槽的深度不一样的情况。

● "残料加工"：该方式用较小的刀具去除上一次（较大刀具）加工留下的残料部分，其生成的挖槽加工刀具路径是在切削区域范围内多刀加工的。

● "开放式"：用于轮廓串连没有完全封闭、一部分开放的槽形零件加工。通常使用该挖槽加工方式，只要设置刀具超出边界的百分比或刀具超出边界的距离，其生成的刀具路径将在切削到超出距离后直线连接起点和终点。

挖槽刀具路径形成的一般步骤和外形铣削刀具路径形成的一般步骤基本相同，挖槽铣削主要参数包括刀具路径参数、挖槽参数和粗切/精修参数。在进行挖槽加工时，可以附加一个精加工操作，一次完成粗切和精修加工规划。铣槽加工方向分顺铣和逆铣，顺铣有利于获得较好的加工性能和表面加工质量。

4.3.1 范例加工分析

本挖槽加工范例一共应用了 3 种挖槽加工方法，分别为标准挖槽加工、使用岛屿深度挖槽加工和开放挖槽加工。该挖槽加工范例首先需要准备好二维图形，并根据图形特点、图形尺寸和加工特点来选用合适的加工刀具。

打开本书附带光盘中 CH4 文件夹目录下的"2D 挖槽加工.MCX"文件，该文件中已经准备好用于加工的二维图形轮廓，如图 4-46a 所示，该二维图形最大尺寸为 260×123；完成 3 种挖槽加工后的零件效果如图 4-46b 所示。

a)   b)

图 4-46 挖槽铣削加工范例

a) 已有用于加工的二维图形轮廓 b) 挖槽加工完成效果图

在生成具体的挖槽加工刀具路径之前，要先选择机床加工系统以及设置工件毛坯等。

1. 选择机床加工系统

在菜单栏中选择"机床系统"|"铣床"|"默认"命令。

2. 设置工件毛坯

（1）在操作管理器的"刀具路径管理器"选项卡中，展开"属性-Mill Default MM"，如图 4-47 所示，单击"属性-Mill Default MM"下的"毛坯设置"标识。

（2）系统弹出"机床群组属性"对话框，并自动切换到"毛坯设置"选项卡，从中单击"边界盒"按钮，系统提示选择图形，此时直接按〈Enter〉键，弹出"边界盒"对话框，设置图 4-48 所示的边界盒选项，然后单击（确定）按钮。

图 4-47 单击"材料设置"标识   图 4-48 设置边界盒选项

（3）返回到"机床群组属性"对话框中的"毛坯设置"选项卡，设置毛坯原点视图坐标和修改毛坯形状尺寸等，如图4-49所示。

（4）单击"机床群组属性"对话框中的 ✓（确定）按钮，完成工件毛坯设置，此时单击 ⬡（等视图）按钮，以等角视图形式显示，效果如图4-50所示。

图4-49　毛坯材料设置　　　　　　　　　　　　　图4-50　完成工件毛坯设置

4.3.2 标准挖槽加工操作过程

（1）在菜单栏中选择"刀路"|"2D挖槽"命令。系统弹出图4-51所示的"输入新NC名称"对话框，可以输入新的NC名称也可以接受默认的新NC名称，单击 ✓（确定）按钮。

（2）系统弹出"串连选项"对话框，以串连的方式依次选取图4-52所示的轮廓线（依次在P1、P2点处单击）以指定所需的串连图形，然后单击"串连选项"对话框中的 ✓（确定）按钮。

图4-51　"输入新NC名称"对话框

图4-52　以串连方式选取图形

知识点拨：在本例中以串连方式依次选择两轮廓线时，注意轮廓线串连时的串连方向应该一致。

（3）系统弹出"2D 刀路-2D 挖槽"对话框。在"刀具"类别选项页中单击"从刀库选择"按钮，打开"选择刀具"对话框。单击 （打开刀库）按钮选择"Steel – MM.tooldb"来打开，接着从该刀具资料库中选择图 4-53 所示的平底刀，然后单击"选择刀具"对话框中的 （确定）按钮。

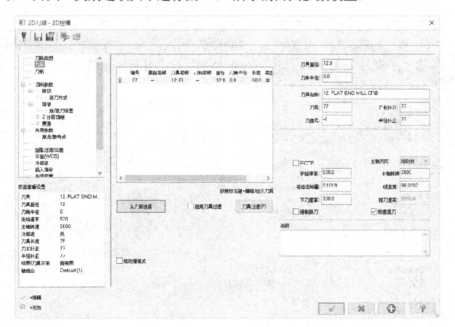

图 4-53　"选择刀具"对话框

（4）在"刀具"类别选项页中进行图 4-54 所示的刀具参数设置。

图 4-54　在"刀具"类别选项页中设置刀具参数

（5）切换至"共同参数"类别选项页，勾选"参考高度"按钮前的复选框，以增量坐标的形式设置参考高度为 25，以增量坐标的形式设置下刀位置为 5，以绝对坐标的形式设置工件表面为 0，以绝对坐标的形式设置深度为-10，单击 （应用）按钮；切换至"切削参数"类别选项页，设置图 4-55 所示的 2D 挖槽切削参数，注意从"挖槽加工方式"下拉列表框中选择"标准"选项。然后单击 ⊕（应用）按钮。

图 4-55　设置 2D 挖槽切削参数

（6）切换至"Z 分层切削"类别选项页，勾选"深度分层切削"复选框，将"最大粗切量"设置为 5，将"精修次数"设置为 1，"精修量"设置为 0.5，"深度分层切削排序"为"依照区域"，勾选"不提刀"复选框，如图 4-56 所示。设置好深度分层切削参数后，单击 ⊕（应用）按钮。

图 4-56　设置深度分层切削参数

（7）切换至"粗切"类别选项页，勾选"粗切"复选框，选择"切削方式"为"平行环切清角"，其他参数设置如图 4-57a 所示。为了避免刀尖与工件毛坯的表面发生短暂的垂直撞击，可以考虑在下刀时采用螺旋式下刀。切换至"进刀方式"类别选项页，设置图 4-57b 所示的进刀方式。然后单击 ⊕ （应用）按钮。

a)

b)

图 4-57 设置粗切及其进刀方式

a) 设置粗切参数　b) 设置粗切的进刀方式

（8）切换至"精修"类别选项页，勾选"精修"复选框，设置图 4-58 所示的精修参数。可以进一步根据需要设置精修的进/退刀参数。

图 4-58　设置精修参数

（9）在"2D 刀路–2D 挖槽"对话框中单击 ✓ （确定）按钮，生成图 4-59 所示的 2D 标准挖槽加工刀具路径（以等角视图显示）。

此时，在刀路操作管理器中单击 ▧ （验证已选择的操作）按钮，打开"Mastercam 模拟"窗口。进行实体切削加工模拟的完成效果如图 4-60 所示。然后关闭"Mastercam 模拟"窗口。

图 4-59　生成 2D 标准挖槽加工刀具路径

图 4-60　实体切削加工模拟完成效果

4.3.3　使用岛屿深度挖槽加工操作过程

（1）在菜单栏中选择"刀路"|"2D 挖槽"命令。

（2）系统弹出"串连选项"对话框，单击选中 （串连）按钮，依次串连选取图 4-61 所示的 P1、P2 所指的轮廓线，单击"串连选项"对话框中的 ✔（确定）按钮。

图 4-61　串连选取轮廓曲线

（3）系统弹出"2D 刀路-2D 挖槽"对话框，在"刀具"类别选项页中进行图 4-62 所示的刀具参数设置。

图 4-62　设置刀具参数

（4）切换至"共同参数"类别选项页，在"深度"按钮下方选择"绝对坐标"单选按钮，在"深度"文本框中输入-12，其他参数接受默认设置，单击 ➕（应用）按钮。

（5）切换至"切削参数"类别选项页，从"挖槽加工方式"下拉列表框中选择"使用岛屿深度"选项，在"加工方向"选项组中选择"顺铣"单选按钮，将校刀位置设置为"刀尖"，设置"刀具在转角处走圆角"的选项为"尖角"，"壁边预留量"为 0，"底面预留量"为 0，并设置进刀引线长度、退刀引线长度和岛屿上方预留量，如图 4-63 所示。然后单击 ➕（应用）按钮。

图 4-63　设置切削参数

（6）切换至"Z 分层切削"类别选项页，勾选"深度分层切削"复选框，接着设置图 4-64 所示的参数，然后单击 （应用）按钮。

图 4-64　设置 Z 分层切削参数

（7）切换至"粗切"类别选项页，设置图 4-65 所示的粗切参数。其中，根据加工成零件的特点，此挖槽切削方式可选用"等距环切"方式。

图 4-65　设置粗切参数

（8）选择"粗切"类别下的"进刀方式"子类别以打开其选项页，从中设置图 4-66 所示的进刀方式参数，然后单击 （应用）按钮。

图 4-66　设置粗切的进刀方式参数

（9）切换至"精修"类别选项页，勾选"精修"复选框，设置图 4-67 所示的精修参数，然后单击 ⊕（应用）按钮。

图 4-67 设置精修参数

（10）单击"2D 刀路-2D 挖槽"对话框中的 ✔ （确定）按钮，创建的挖槽刀具路径如图 4-68 所示。

此时，在刀路操作管理器中单击 ⬚ （验证已选择的操作）按钮，打开"Mastercam 模拟"窗口。使用岛屿深度的挖槽加工进行实体切削加工模拟，其完成效果如图 4-69 所示。

图 4-68 创建挖槽刀具路径

图 4-69 本挖槽加工实体切削模拟

4.3.4 开放挖槽加工操作过程

（1）关闭"Mastercam 模拟"窗口后，在 Mastercam X9 的菜单栏中选择"刀路"|"2D 挖槽"命令。

（2）系统弹出"串连选项"对话框，单击选中 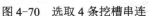（单体）按钮，依次选取图 4-70 所示的 4 条开放式轮廓线（圆弧），选取时要注意方向，然后单击"串连选项"对话框中的 （确定）按钮。

（3）系统弹出"2D 刀路-2D 挖槽"对话框。在"刀具"类别选项页中单击"从刀库选择"按钮，系统弹出"选择刀具"对话框，从"Steel - MM.tooldb"刀库中选择图 4-71 所示的Φ16 平底刀，然后单击 （确定）按钮。

图 4-70　选取 4 条挖槽串连

图 4-71　选择所要的平底刀

（4）在"2D 刀路-2D 挖槽"对话框的"刀具"类别选项页中设置图 4-72 所示的刀具参数。

图 4-72　设置刀具参数

（5）切换至"共同参数"类别选项页，以绝对坐标的形式将深度值（最下方的一个值）设置为-10，其他默认；接着切换至"切削参数"类别选项页，从中设置图 4-73 所示的切削参数，然后单击 （应用）按钮。

图 4-73　设置切削参数

（6）切换至"粗切"类别选项页，勾选"粗切"复选框，选择"螺旋切削"切削方式，并设置与粗切相关的切削间距等参数，如图 4-74 所示。

图 4-74　设置粗切参数

（7）切换到"精修"类别选项页，设置图 4-75 所示的精修参数，然后单击 ⊕ （应用）按钮。

图 4-75　设置精修参数

（8）由于挖槽深度为 10，不宜一次切削完成，需对其 Z 轴进行分层铣削加工。在左上窗格中选择"Z 分层切削"类别，接着勾选"深度分层切削"复选框，并设置图 4-76 所示的深度切削参数，然后单击 ⊕（应用）按钮。

图 4-76　设置 Z 分层切削参数

（9）在"2D 刀路-2D 挖槽"对话框中单击 √（确定）按钮，创建的开放式挖槽刀具路径如图 4-77 所示。

图 4-77　创建开放式挖槽刀具路径

4.3.5 对所有挖槽刀具路径进行实体切削模拟

（1）在刀路操作管理器中单击图 4-78 所示的 按钮，从而选中 3 个挖槽铣削加工，此时刀路管理器中列出的 3 个挖槽铣削加工操作标识处均被打上表示选中的图标，如图 4-79 所示。

图 4-78　在刀路管理器中操作　　　　　　图 4-79　选中所有的挖槽铣削加工操作

（2）在刀路操作管理器中单击 按钮，打开"Mastercam 模拟"窗口。在"Mastercam 模拟"窗口中设置相关的选项及参数，如图 4-80 所示。

图 4-80　"Mastercam 模拟"窗口

（3）在"Mastercam 模拟"窗口中单击 ▶（播放）按钮，从而开始进行加工模拟，完成的实体加工模拟结果如图 4-81 所示。

图 4-81 范例实体加工模拟结果

（4）在"Mastercam 模拟"窗口中单击 ✕（关闭）按钮。

4.4 钻孔铣削加工范例

钻孔铣削加工在机械加工中应用较广，包括钻直孔、镗孔和攻螺纹孔等加工。Mastercam X9 钻孔加工程序可以用于工件中各种点的加工，钻孔加工要设置的参数包括公共刀具路径参数、钻孔铣削参数和用户自定义参数。

4.4.1 范例加工分析

本范例要求加工出 5 个Φ16 的通孔，根据图形特点及尺寸，可采用Φ16 的钻孔刀具进行数控加工。

打开随书配套的光盘中 CH4 文件夹目录下的"钻孔加工.MCX"文件，文件中提供了需要加工的图形，如图 4-82a 所示。完成钻孔加工的零件参考效果如图 4-82b 所示。

a)   b)

图 4-82 钻孔铣削加工范例

a) 原始图形 b) 钻孔铣削加工效果

本范例加工选择的加工系统为默认的铣床，即执行菜单栏中的"机床类型"|"铣床"|"默认"命令。

设置工件毛坯的方法如下。

（1）在操作管理器的"刀路管理器"中，单击"属性-Mill Default MM"下的"毛坯设置"标识。

（2）系统弹出"机床群组属性"对话框，自动切换到"毛坯设置"选项卡，在"形状"选项组中选择"实体"单选按钮，并设置材料显示样式，如图 4-83 所示。

图 4-83　毛坯材料设置

（3）在"毛坯设置"选项卡的"形状"选项组中单击 （选择实体）按钮，在绘图区单击实体，然后在"机床群组属性"对话框中单击 （确定）按钮。

4.4.2　范例加工操作过程

（1）在菜单栏中选择"刀路"|"钻孔"命令，系统弹出"输入新 NC 名称"对话框，如图 4-84 所示，指定所需的名称后，单击 （确定）按钮。

（2）系统弹出图 4-85 所示的"选择钻孔位置"对话框，单击 按钮。

图 4-84　输入新 NC 名称

图 4-85　"选择钻孔位置"对话框

（3）使用鼠标光标依次选取图 4-86 所示的图形中的 5 个点。

操作说明：以窗选等方式选择钻孔的点后，如果对系统自动安排的点排序不满意，可以单击"排序"按钮，利用弹出来的"排序"对话框设置排序方式，如图 4-87 所示。系统提供了三大类切削顺序，即"2D 排序"类、"旋转排序"类和"交叉断面排序"类。

图 4-86　选取 5 个点

图 4-87　"排序"对话框

（4）在"选择钻孔位置"对话框中单击 √ （确定）按钮。

（5）系统弹出"2D 刀路-钻孔/全圆铣削 深孔钻-无啄孔"对话框。在"刀具"类别选项页中设置图 4-88 所示的刀具参数。然后单击 ⊕ （应用）按钮。

图 4-88　设置钻孔刀具参数

（6）切换至"切削参数"类别选项页，设置图 4-89a 所示的参数。切换至"共同参数"类别选项页，设置图 4-89b 所示的参数。

a)

b)

图 4-89　设置切削参数和共同参数

a) 设置切削参数　b) 设置共同参数

（7）切换至"刀尖补正"类别选项页，接着勾选"刀尖补正"复选框，设置钻头尖部补偿参数，如图 4-90 所示，然后单击 （应用）按钮。

图 4-90 设置刀尖补正参数

（8）在"2D 刀路-钻孔/全圆铣削 深孔钻-无啄孔"对话框中单击 ☑（确定）按钮，创建的钻孔铣削加工刀具路径如图 4-91 所示。

（9）在刀路操作管理器中单击 （验证已选择的操作）按钮，打开"Mastercam 模拟"窗口。在"Mastercam 模拟"窗口中设置相关的选项及参数，然后单击 （播放）按钮，最后得到的实体钻孔切削模拟结果如图 4-92 所示。

图 4-91 生成的钻孔刀具路径   图 4-92 实体钻孔验证效果

4.5 全圆路径加工

Mastercam X9 中的全圆路径是针对圆或弧进行加工的方法。全圆路径的相关命令位于图 4-93 所示的"刀路"|"全圆铣削刀路"级联菜单中，包括"全圆铣削""螺纹铣削""自动钻孔""钻起始孔""铣键槽"和"螺旋钻孔"。

- "全圆铣削"：其刀具路径是从圆心移动到轮廓而后绕圆轮廓移动而形成的。常使用全圆铣削方法来扩孔。

● "螺纹铣削"：其刀具路径是一条螺旋线，可用于加工零件上的内螺纹和外螺纹。为了保证螺纹的质量和精度，螺旋铣削时需要注意设置刀具的切入和切出方式。

● "自动钻孔"：用于在指定好相应的加工孔后，由系统自动选择相应的刀具和加工参数，自动地生成刀具路径，读者也可以根据客观要求自行修改。

● "钻起始孔"：钻起始孔是在已有的刀具路径之前增加的操作，思路是预先切削一些毛坯，以保证后面的加工（如加工一些无法用现有刀具一次加工成型的较深或较大的孔）能够实现。钻起始孔需要先规划出铣削操作，否则系统会弹出对话框来警告："找不到可产生钻起始孔的铣床操作。"

● "铣键槽"：用来专门加工键槽。

● "螺旋铣孔"：主要用于孔的精加工。螺旋铣孔时，定位孔仅需选择孔的中心点即可，而孔的直径可以在螺旋铣孔参数设置对话框中设置。

图 4-93 "刀路" | "全圆铣削刀路"级联菜单

这些全圆路径加工的方法是类似的。下面以"铣键槽"的加工范例为典型进行介绍。

（1）打开随书配套的光盘中 CH4 文件夹目录下的"铣键槽.MCX"文件，该文件中已经存在着图 4-94 所示的实体轴，图左为图形着色效果，图右为线框实体效果，其中从线框实体效果中可以看出用于加工键槽的轮廓线。

图 4-94 实体轴模型

（2）确保采用原有默认的铣床加工系统。

（3）需要用实体轴定义成工件，以在该轴工件中加工出所需的键槽。方法是在操作管理器的"刀路管理器"中，单击"属性-Generic Mill"下的"毛坯设置"标识，系统弹出"机床群组属性"对话框并自动切换到"毛坯设置"选项卡，在"形状"选项组中选择"实体"单选按钮，接着单击 ▸（选择实体）按钮，在绘图区单击实体轴，然后在"机床群组属性"对话框中单击 ✓（确定）按钮。

（4）在菜单栏中选择"刀路"|"全圆铣削刀路"|"铣键槽"命令，系统弹出"输入新NC 名称"对话框，指定新 NC 名称为"铣键槽"，如图 4-95 所示，然后单击该对话框中的 ✓（确定）按钮。

（5）系统弹出"串连选项"对话框，单击选中 ⬤（串连）按钮，在线框实体显示模式下单击图 4-96 所示的键槽封闭轮廓（单击位置见图中鼠标光标所指），然后在"串连选项"对话框中单击 ✓（确定）按钮。

选择

图 4-95 "输入新 NC 名称"对话框　　　　图 4-96 指定键槽加工的串连轮廓

（6）系统弹出"2D 刀路-铣槽"对话框。在"刀具"类别选项页中进行图 4-97 所示的刀具参数设置，然后单击 ⊕（应用）按钮。

图 4-97 设置铣键槽的刀具参数

（7）切换至"共同参数"类别选项页，勾选"参考高度"复选框，设置"参考高度"为25（采用增量坐标），"下刀位置"为 5（采用增量坐标），"工件表面"为 16（采用绝对坐标）和"深度"为6（采用绝对坐标），单击 （应用）按钮。

（8）切换至"切削参数"类别选项页，从中进行图 4-98 所示的参数设置。

图 4-98　铣键槽的切削参数设定

（9）切换至"粗/精修"类别选项页，进行图 4-99 所示的参数设定。

图 4-99　设置粗/精修参数

（10）在"2D 刀路-铣槽"对话框中的 （确定）按钮。创建的铣键槽刀具路径如图 4-100 所示。

（11）在刀路操作管理器中单击 （验证已选择的操作）按钮，打开"Mastercam 模拟"窗口。在"Mastercam 模拟"窗口中设置相关的选项及参数，如图 4-101 所示，然后单击 （播放）按钮，最后得到的铣键槽加工的模拟结果如图 4-102 所示。

图 4-100 铣键槽刀具路径

图 4-101 "Mastercam 模拟"窗口

图 4-102 铣键槽加工模拟结果

4.6 产品加工应用

在本节中主要介绍商品中的雕刻加工和零件 2D 铣削综合应用。

4.6.1 商品中的雕刻加工

对于模型中的文字或产品修饰/标识图案，通常可以考虑采用雕刻加工的方式来完成。要进行雕刻加工，则可以指定使用雕刻机床类型，即在"机床类型"菜单中选择"木雕"|"默认"命令。如果需要，也可以在"机床类型"菜单中选择"木雕"|"机床列表管理"命令，利用弹出来的对话框进行自定义机床菜单管理操作。指定雕刻机床类型后，执行"刀路"菜单中的"木雕"命令，进行相关的操作来生成所需的雕刻加工刀具路径。

为了让读者掌握雕刻加工的基本方法及操作步骤，下面介绍一个雕刻加工实例。该实例雕刻加工的示意如图 4-103 所示。

a)　　　　　　　　　　　　　　　b)

图 4-103　雕刻加工范例示意

a) 要雕刻的参考图案　b) 雕刻加工模拟结果

（1）打开随书配套光盘中的"雕刻加工.MCX"文件（该文件位于随书光盘的 CH4 文件夹中），如图 4-104 所示。文件中采用的机床类型是默认的雕刻系统。

图 4-104　"雕刻加工.MCX"文件

（2）在菜单栏中选择"刀路"|"木雕"命令，系统弹出"输入新 NC 名称"对话框，输

入新 NC 名称为"雕刻加工",单击 (确定)按钮。

(3)系统弹出"串连选项"对话框,单击 ▭ (窗选)按钮,如图 4-105 所示。使用鼠标指定两个对角点以窗选图 4-106 所示的所有几何图形,接着在"输入草绘起始点"提示下在串连图素上任意捕捉并单击一点,然后在"串连选项"对话框中单击 ✓ (确定)按钮。

图 4-105 "串连选项"对话框

图 4-106 选择雕刻串连外形轮廓

(4)系统弹出"木雕"对话框。在"刀具参数"选项卡中,选择 Φ6 的雕刻刀具(木雕刀),并设置其"主轴方向""主轴转速"和"进给速率"等,如图 4-107 所示。

图 4-107 选择雕刻刀具和设置其刀具路径参数

（5）在"木雕"对话框的"刀具参数"选项卡的刀具列表中，右击所选的 Φ6 雕刻刀具（木雕刀），并从弹出来的快捷菜单中选择"编辑刀具"命令，系统弹出"定义刀具"对话框，确保将刀具的"刀尖直径"设置为 0.5，如图 4-108 所示，可以单击"下一步"按钮以完成该木雕刀的其他属性参数。然后在"定义刀具"对话框中单击"完成"按钮，返回到"木雕"对话框。

图 4-108　定义雕刻刀具的直径补正

（6）切换到"木雕参数"选项卡，设置图 4-109 所示的雕刻加工参数。

图 4-109　设置雕刻加工参数

（7）切换到"粗切/精修参数"选项卡，设置图 4-110 所示的粗切/精加工参数。

图 4-110 设置粗切/精加工参数

（8）在"木雕"对话框中单击 （确定）按钮，结束雕刻参数设置。系统开始进行雕刻刀具路径计算，结果如图 4-111 所示（等角视图显示）。

（9）确保设置好需要的工件毛坯。在刀路管理器中单击 🗇（验证已选择的操作）按钮，利用"Mastercam 模拟"窗口进行实体验证，验证结果如图 4-112 所示。然后在"验证"对话框中单击 ✓（确定）按钮，结束实体加工验证。

图 4-111 生成雕刻刀具路径

图 4-112 实体验证的雕刻结果

4.6.2 零件 2D 铣削综合应用范例

本小节介绍一个 2D 综合铣削加工范例，要求将毛坯顶面去除 2，外形加工的深度为 15，中心槽和环形槽深度为 10，开放槽的深度为 5，5 个 Φ10 的孔为通孔。本范例要求的毛坯工件尺寸为 150×175×17。根据加工图形的特点、尺寸和加工要求，分别进行面铣、外形铣削、开放槽铣削、中心槽和环形槽铣削、钻孔加工。

本范例的铣削加工示意如图 4-113 所示。

a)   b)

图 4-113　零件 2D 铣削综合应用范例

a) 2D 加工综合图形　b) 加工模拟完成效果图

该零件 2D 铣削综合应用范例的具体操作步骤如下。

1. 绘制好所需的二维图形

重新启动 Mastercam X9 软件，在一个新建的 MCX 文件中，使用相关的绘图和编辑工具完成图 4-114 所示的二维图形。读者也可以打开随书配套光盘中的"2D 铣削加工综合范例.MCX"文件，该文件中已经绘制好所需的二维图形。

图 4-114　绘制二维图形

2．选择机器加工系统

在菜单栏中选择"机床类型"|"铣床"|"默认"命令。

3．设置工件毛坯

（1）在操作管理器的"刀路管理器"选项卡中，双击图 4-115 所示的"属性-Mill Default MM"标识。

（2）单击图 4-116 所示的"属性-Mill Default MM"标识下的"毛坯设置"标识，系统弹出"机床群组属性"对话框。

图 4-115　操作管理器　　　　　　　　图 4-116　单击"毛坯设置"

（3）在"毛坯设置"选项卡中，设置图 4-117 所示的选项及参数。

图 4-117　利用"机床群组属性"对话框进行材料设置

（4）单击 ☑（确定）按钮，完成设置的工件毛坯如图 4-118 所示（图中以等角视图来显示）。

图 4-118　工件毛坯

4. 面铣加工

（1）在菜单栏中选择"刀路"|"平面铣"命令，系统弹出"输入新 NC 名称"对话框，接受默认的新 NC 名称，单击"输入新 NC 名称"对话框中的 ☑（确定）按钮。

（2）系统弹出"串连选项"对话框。由于已经设置好了工件毛坯，因此可以不选择加工轮廓。直接在"串连选项"对话框中单击 ☑（确定）按钮。

（3）系统弹出"2D 刀路-平面铣削"对话框。在"刀具"类别选项页中进行图 4-119 所示的刀具参数设置。可以从指定刀库中自行选择合适的平底刀。

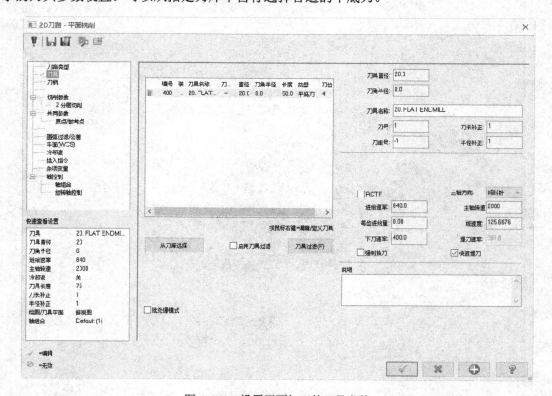

图 4-119　设置平面加工的刀具参数

（4）切换至"共同参数"类别选项页，勾选"参考高度"复选框，选择相应的"增量坐标"单选按钮，设置"参考高度"为 25，接着以增量坐标的形式设置"下刀位置"为 8，以绝对坐标的形式设置"工件表面"为 0，以绝对坐标的形式设置"深度"为-2，单击 （应用）按钮。

（5）切换至"切削参数"类别选项页，设置图 4-120 所示的切削参数，然后单击 （应用）按钮。

图 4-120　设置平面铣削的切削参数

（6）在"平面加工"对话框中单击 ✓（确定）按钮，创建的面铣加工刀具路径如图 4-121 所示。

（7）在图 4-122 所示的刀路管理器中单击 ≈（刀具路径显示切换）按钮，从而将被选中的平面加工操作刀具路径隐藏起来。

图 4-121　生成的面铣加工刀具路径

图 4-122　刀路管理器

5. 外形铣削加工

（1）在菜单栏中选择"刀路"|"外形"命令。

（2）系统弹出"串连选项"对话框，以串连的方式选择图 4-123 所示的外形图形，然后单击"串连选项"对话框中的 （确定）按钮。

图 4-123　串连选取图形

（3）系统弹出"2D 刀路-外形铣削"对话框，在"刀具"类别选项页中进行图 4-124 所示的刀具参数设置。

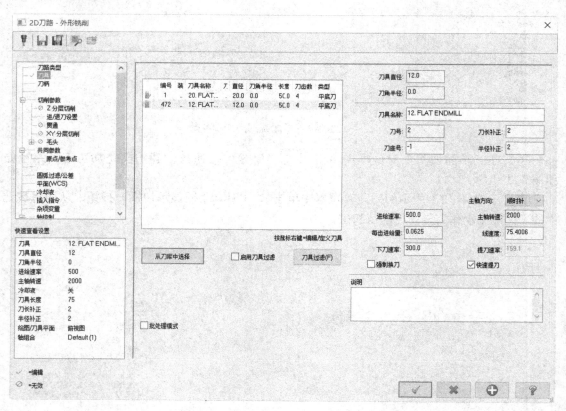

图 4-124　利用"2D 刀路-外形铣削"对话框设置刀具参数

（4）切换至"共同参数"类别选项页，勾选"参考高度"复选框，设置"参考高度"为 25（对应地选择"增量坐标"单选按钮），"下刀位置"为 10（相应地选择"增量坐标"单选按钮），"工件表面"为 0（相应地选择"绝对坐标"单选按钮），"深度"为-17（相应地选择

"绝对坐标"单选按钮），单击 （应用）按钮。

（5）切换至"切削参数"类别选项页，从中设置图4-125所示的切削参数。

图4-125 设置切削参数

（6）选择"Z 分层切削"类别选项页，接着勾选"深度分层切削"复选框，设置图 4-126 所示的参数。

图4-126 设置"Z 分层切削"参数

（7）切换至"XY 分层切削"类别选项页，接着勾选"XY 分层切削"复选框，并设置图 4-127 所示的参数，然后单击 ⊕ （应用）按钮。

图 4-127　设置"XY 分层切削"参数

（8）切换至"进/退刀设置"类别选项页，从中进行图 4-128 所示的参数设置，然后单击 ⊕ （应用）按钮。

图 4-128　进/退刀设置

（9）在"2D 刀路-外形铣削"对话框中单击 ✓ （确定）按钮，生成的外形铣削刀具路如图 4-129 所示。

（10）确保外形铣削操作处于被选中的状态，在刀路管理器中单击 ≈ （刀具路径显示切换）按钮，将该操作的刀具路径隐藏起来。

6. 执行开放式挖槽加工

（1）在菜单栏中选择"刀路"|"2D 挖槽"命令。

（2）系统弹出"串连选项"对话框，单击 ╱ （单体）按钮，单击图 4-130 所示的圆弧，然后单击 ✓ （确定）按钮。

图 4-129 生成的外形铣削刀具路径　　　　　　图 4-130 选择轮廓线

（3）系统弹出"2D 刀路-2D 挖槽"对话框，在"刀具"类别选项页中设置图 4-131 所示的刀具参数，然后单击 ⊕ （应用）按钮。

图 4-131 设置挖槽的刀具参数

（4）切换至"共同参数"类别选项页，进行图 4-132 所示的共同参数设置，然后单击

（应用）按钮。

图 4-132　设置共同参数

（5）切换至"切削参数"类别选项页，进行图 4-133 所示的切削参数设置，然后单击（应用）按钮。

图 4-133　设置切削参数

（6）切换至"粗切"类别选项页，勾选"粗切"复选框，选择"螺旋切削"切削方式，并设置相应的粗切参数，如图4-134所示。

图4-134　设置粗切参数

（7）切换至"Z分层切削"类别选项页，接着勾选"深度分层切削"复选框，并进行图4-135所示的参数设置。

图4-135　设置深度分层切削参数

（8）切换至"精修"类别选项页，从中设置图4-136所示的精修参数，然后单击 （应用）按钮。

图 4-136　设置精修参数

（9）单击 ☑（确定）按钮，创建的开放式挖槽刀具路径如图 4-137 所示。可以将该刀具路径隐藏起来。

7. 标准挖槽加工

（1）在菜单栏中选择"刀路"|"2D 挖槽"命令，系统弹出"串连选项"对话框。

（2）以串连的方式选择图 4-138 所示的两条串连外形，相应的单击点分别为 P1 和 P2，单击 ☑（确定）按钮。

图 4-137　创建开放式挖槽刀具路径

图 4-138　选择两条串连外形

（3）系统弹出"2D 刀路-2D 挖槽"对话框，在"刀具"类别选项页中进行图 4-139 所示的参数设置，然后单击 ⊕（应用）按钮。

图 4-139 设置刀具参数

（4）切换至"共同参数"类别选项页，设置图 4-140 所示的共同参数。

图 4-140 设置共同参数

（5）切换至"切削参数"类别选项页，设置图 4-141 所示的切削参数，注意将"挖槽加工方式"设置为"标准"。

（6）由于挖槽深度较深，不宜一次切削完成，需要对其 Z 轴进行分层加工。切换至"Z 分层切削"类别选项页，从中设置图 4-142 所示的参数和选项，然后单击 ⊕ （应用）按钮。

图 4-141　设置切削参数

图 4-142　设置深度分层切削参数

（7）切换至"粗切"类别选项页，进行图 4-143 所示的粗切参数设置。另外，读者可以通过"进刀方式"子类别自行设置螺旋式下刀，以避免刀尖与工件毛坯表面发生短暂的猛然垂直撞击。

图 4-143　设置粗切参数

（8）切换至"精修"类别选项页，从中进行图 4-144 所示的精修参数设置，然后单击
（应用）按钮。

图 4-144 设置精修参数

（9）在"2D 刀路-2D 挖槽"对话框中单击 （确定）按钮。创建的标准挖槽刀具路
径如图 4-145 所示。接着可以将该标准挖槽刀具路径隐藏。

图 4-145 创建的标准挖槽刀具路径

8．钻孔铣削

（1）在菜单栏中选择"刀路"|"钻孔"命令。

（2）系统弹出"选择钻孔位置"对话框，如图 4-146 所示，单击"选择图形"按钮，依
次选择图 4-147 所示的圆 1、2、3 和 4，然后单击该对话框中的 （确定）按钮。

（3）系统弹出"2D 刀路-钻孔/全圆铣削 深孔钻-无啄孔"对话框。在"刀具"类别选
项页中设置图 4-148 所示的刀具参数。

图 4-146 "选择钻孔位置"对话框

图 4-147 选择图形来定义钻孔点

图 4-148 设置钻孔的刀具参数

（4）切换至"切削参数"类别选项页，接受默认的循环方式为"Drill/Counterbore"；切换至"共同参数"类别选项页，设置图 4-149 所示的共同参数。

（5）切换至"刀尖补正"类别选项页，接着勾选"刀尖补正"复选框，并设置相应的钻头尖部补正参数，如图 4-150 所示。

图 4-149　设置钻孔的共同参数

图 4-150　设置刀尖补正参数

（6）单击 （确定）按钮，生成图 4-151 所示的钻孔铣削刀具路径。

9．刀路管理

（1）此时，刀路管理器如图 4-152 所示。接着在刀路管理器的工具栏中单击 （选择全部操作）按钮，从而选中所有的加工操作。

（2）在刀路管理器中单击 （验证已选择的操作）按钮，打开"Mastercam 模拟"窗口。在"Mastercam 模拟"窗口的功能区"主页"选项卡中设置相关的选项及参数，如图 4-153 所示。

图 4-151　生成钻孔铣削刀具路径

图 4-152　刀路管理器

图 4-153　"Mastercam 模拟"窗口的功能区"主页"选项卡

（3）在"Mastercam 模拟"窗口中切换至"验证"选项卡，单击选中 （保留碎片）按钮，如图 4-154 所示。

图 4-154　增加选中"保留碎片"图标

（4）单击 （播放）按钮，从而开始进行加工模拟，完成的实体加工模拟结果如图 4-155 所示。

（5）此时，使用鼠标指针在绘图区单击要保留的主体零件，结果如图 4-156 所示。

图 4-155　实体加工模拟结果　　　　　　　　图 4-156　指定要保留的部分

（6）在"Mastercam 模拟"窗口中切换至"主页"选项卡，在"可见的"面板中取消勾选"线框"复选框、"刀具"复选框和"轴"复选框，效果如图 4-157 所示。

图 4-157　加工出来的零件

（7）在"Mastercam 模拟"窗口中单击 ✕（关闭）按钮。

（8）执行后处理。

（9）保存文件。

第5章 线架加工范例解析

本章导读：

　　线架加工（也称线框加工）指利用产生曲面的线架来定义刀具路径，其相当于略去曲面生成的过程。利用线架加工只能生成相对单一的曲面刀具路径，但其加工省时，程序简单。线架加工的方法主要包括直纹加工、旋转加工、2D 扫描加工、3D 扫描加工、混式加工（昆氏加工）和举升加工。本章介绍线架加工的几个典型范例。

5.1 直纹加工

　　在默认铣床系统下，利用"刀路"|"线框刀路"|"直纹加工"命令，可以根据若干个有效的 2D 截面来生成直纹曲面加工刀具路径。

5.1.1 直纹加工范例说明

　　本范例要求使用线架图形来生成相应的直纹加工刀具路径，如图 5-1 所示。通过该范例介绍 Mastercam X9 中的直纹加工流程及其参数设置方法。根据加工图形的特点，可以考虑采用Φ10 的球刀来进行加工。

a)　　　　　　　　　　　　　　　b)

图 5-1　直纹加工范例

a) 线架图形　b) 直纹加工完成效果图

　　该范例所需的源文件为随书配套的"直纹加工.MCX"文件（该文件位于随书光盘的 CH5 文件夹中）。首先打开该"直纹加工.MCX"文件。

5.1.2 直纹加工范例过程

（1）在菜单栏中选择"刀路"|"线框刀路"|"直纹"命令，系统弹出"输入新 NC 名称"对话框，接受默认的新 NC 名称，如图 5-2 所示，接着单击"输入新 NC 名称"对话框中的 （确定）按钮。

（2）系统弹出"串连选项"对话框，单击选中 （串连）按钮，使用鼠标单击的方式串连选取图 5-3 所示的 3 个线架，注意各串连图形的起始点应保持一致。然后单击"串连选项"对话框中的 （确定）按钮。

图 5-2 输入新 NC 名称

图 5-3 串连选取图形

（3）系统弹出"直纹"对话框。在"刀具参数"选项卡中单击"从刀库选择"按钮，打开"选择刀具"对话框，从"mill_mm.tooldb"刀具资料库列表中选择 Φ10 的球刀，如图 5-4 所示，单击 （确定）按钮，结束刀具选择。

图 5-4 "选择刀具"对话框

（4）在"直纹"对话框的"刀具参数"选项卡中设置图 5-5 所示的刀具参数。

（5）切换至"直纹加工参数"选项卡，按照图 5-6 所示的参数进行设置。

（6）单击"直纹"对话框中的 （确定）按钮，系统产生的直纹加工刀具路径如图 5-7 所示。

（7）在刀路管理器中单击"属性"标识下的"毛坯设置"，如图 5-8 所示，系统弹出"机床群组属性"对话框，并显示其"毛坯设置"选项卡。

图 5-5　设置直纹加工的刀具参数

图 5-6　设置直纹加工参数

图5-7 直纹加工刀具路径

图5-8 单击"毛坯设置"

（8）在"毛坯设置"选项卡中单击"边界盒"按钮，系统提示选择图形。使用鼠标指定两个角点选择全部图形，按〈Enter〉键确认，系统打开"边界盒"对话框，从中设置图 5-9 所示的参数和选项，单击 （确定）按钮，返回到"机床群组属性"对话框的"毛坯设置"选项卡，修改参数如图 5-10 所示。

图5-9 设置边界盒选项

图5-10 毛坯材料设置

（9）在"机床群组属性"对话框中单击 ▢✔ （确定）按钮，结束材料设置，生成的工件坯件如图 5-11 所示。

（10）在刀路管理器中单击 ▨ （验证已选择的操作）按钮，打开"Mastercam 模拟"窗口，利用该窗口提供的相关模拟功能，最后得到的加工模拟效果如图 5-12 所示。

图 5-11　设置工件坯件　　　　　　图 5-12　加工模拟的实体效果图

5.2　旋转加工

使用"刀路"|"线框刀路"级联菜单中的"旋转"功能，可以对有效的 2D 截面绕着指定的轴来产生旋转加工刀具路径。旋转加工和旋转曲面类似，不同的是旋转加工最终生成的是刀具路径而不是曲面。

5.2.1　旋转加工范例说明

本范例需要的线架图形由随书配套的"旋转加工.MCX"文件（该文件位于随书光盘的 CH5 文件夹中）提供。打开该"旋转加工.MCX"文件，如图 5-13a 所示，通过加工由指定线架绕旋转轴旋转构成的表面，加工模拟结果如图 5-13b 所示。

a)　　　　　　　　　　　　　　　b)

图 5-13　旋转加工范例

a) 旋转加工的线架图形　b) 旋转加工完成效果图

本范例的 2D 截面在顶部构图面（Z=0）中绘制。根据图形特点和大小，可以考虑采用 Φ8 的球刀进行旋转加工。

5.2.2 旋转加工范例过程

本旋转加工范例的具体操作过程如下。

1. 选择机床加工系统

重新启动 Mastercam X9 软件后，在菜单栏中选择"机床类型"|"铣床"|"默认"命令，进入默认的铣削加工模式。

2. 设置工件毛坯

（1）在刀路管理器中展开"属性"标识，接着单击"属性"标识下的"毛坯设置"。

（2）系统弹出"机床群组属性"对话框并自动切换至"毛坯设置"选项卡。进行图 5-14 所示的毛坯材料参数设置。

图 5-14　工件毛坯材料设置

（3）单击"机床群组属性"对话框中的 ![] （确定）按钮，设置的工件毛坯如图 5-15 所示。

3. 生成旋转加工刀具路径

（1）在"刀路"|"线框加工"级联菜单中选择"旋转"，系统弹出"输入新 NC 名称"对话框，如图 5-16 所示，接受或重新输入新的 NC 名称，单击 ![] （确定）按钮。

图 5-15　工件毛坯

图 5-16　"输入新 NC 名称"对话框

（2）系统弹出"串连选项"对话框，选中 ⊂⊃（串连）方式按钮。在系统的"旋转曲面：请定义曲面边界 1"提示下，定义旋转外形轮廓，接着在"请选择旋转轴的轴心位置"提示下选取直线的一个端点定义旋转轴的轴心位置，如图 5-17 所示。

图 5-17　选择外形轮廓及旋转轴的轴心位置

（3）完成指定外形轮廓及旋转轴的轴心位置后，系统弹出"旋转"对话框。在"刀具参数"选项卡中单击"从刀库选择"按钮，系统弹出"选择刀具"对话框，从"Steel - MM.tooldb"刀具资料库列表中选择 Φ8 的球刀，单击 ✓（确定）按钮，结束刀具选择。接着为选定的该球刀设置相应的"进给速率""下刀速率""主轴方向"和"主轴转速"等，如图 5-18 所示。

图 5-18　设置旋转加工的刀具参数

（4）切换至"旋转加工参数"选项卡，设置图 5-19 所示的旋转加工参数。

图 5-19 设置旋转加工参数

知识点拨：在"旋转加工参数"选项卡的"轴向"选项组中，指定刀具路径的旋转轴，只能选择 X 轴、Y 轴作为旋转轴，因此要求绘制的 2D 截面只能位于顶部构图面。

（5）在"旋转"对话框中单击 （确定）按钮，生成的旋转加工刀具路径如图 5-20 所示。

图 5-20 旋转加工刀具路径

4. 模拟验证旋转加工

（1）单击刀路管理器中的 （验证已选择的操作）按钮，系统弹出"Mastercam 模拟"窗口，在功能区的"主页"选项卡中设置图 5-21 所示的选项。

图 5-21　在"Mastercam 模拟"窗口的"主页"选项卡中进行设置

（2）单击 ▶（播放）按钮，模拟结果如图 5-22 所示。

（3）在功能区中打开"验证"选项卡，接着在"分析"面板中单击 （保留碎片）按钮，如图 5-23 所示。

图 5-22　模拟结果　　　　　　　　　图 5-23　单击选中"保留碎片"按钮

（4）在绘图区单击要保留的零件部分，结果如图 5-24 所示。

图 5-24　保留的加工零件

（5）在"Mastercam 模拟"对话框中单击 ✕（关闭）按钮。

5.3　2D 扫描加工

使用"刀路"|"线框刀路"级联菜单中的"2D 扫描加工"功能，能够对 2D 截面沿着

指定的 2D 路径扫描产生相应的刀具路径。2D 扫描加工的操作相对简单些，即启动"2D 扫描加工"功能命令后，根据系统提示依次选择扫描截面、扫描路径，以及扫描截面与扫描路径的交点即可。

5.3.1 2D 扫描加工范例说明

本范例需要的线架图形由随书配套的"2D 扫描加工.MCX"文件（该文件位于随书光盘的 CH5 文件夹中）提供。打开该"2D 扫描加工.MCX"文件，如图 5-25a 所示，创建 2D 扫描加工的刀具路径之后，得到的加工模拟结果如图 5-25b 所示。

a) b)

图 5-25 2D 扫描加工范例

a) 用于 2D 扫描加工的线架图形 b) 2D 扫描加工模拟结果

在该范例中，根据图形特点和大小，可以考虑采用Φ6 的球刀进行 2D 扫描加工，范例采用的工件毛坯也已经设定好。

5.3.2 2D 扫描加工范例过程

该范例的 2D 扫描加工操作步骤如下。

（1）在"刀路"|"线框刀路"级联菜单中选择"2D 扫描加工"，系统弹出"输入新 NC 名称"对话框，如图 5-26 所示，接受或重新输入新的 NC 名称，单击 ✓ （确定）按钮。

（2）系统弹出"串连选项"对话框，默认采用串连的方式，在提示下选择图 5-27 所示的半圆弧定义截断轮廓。

图 5-26 "输入新 NC 名称"对话框 图 5-27 定义截断轮廓

（3）单击图 5-28 所示的圆定义引导轮廓（单击位置见图中鼠标光标所指），然后在"串连选项"对话框中单击 ✓ （确定）按钮。

（4）选择图 5-29 所示的圆心作为引导方向和截断方向的交点。

图 5-28　定义引导轮廓

图 5-29　指定引导方向和截面方向的交点

（5）系统弹出"2D 扫描"对话框。在"刀具参数"选项卡中通过相应刀库选用 Φ6 的球刀，并设置"进给速率"为 200，"下刀速率"为 120，"主轴转速"为 2000，如图 5-30 所示。

图 5-30　设置 2D 扫描加工的刀具参数

（6）切换到"2D 扫描参数"选项卡，进行图 5-31 所示的 2D 扫描加工参数设置。注意"图形对应模式"有"无""按图素""按分支点""按节点""按存在点""手动"和"手动/密度"。

图 5-31　设置 2D 扫描加工参数

（7）在"2D 扫描"对话框中单击 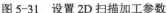（确定）按钮，从而生成 2D 扫描加工刀具路径，如图 5-32 所示。

（8）执行刀路管理器中的 （验证已选择的操作）按钮功能，进行实体切削验证，结果如图 5-33 所示。

图 5-32　生成 2D 扫描加工刀具路径

图 5-33　实体切削验证结果

5.4　3D 扫描加工

使用"刀路"|"线框刀路"级联菜单中的"3D 扫描"功能，能够对指定的 2D 截面沿着指定的 3D 轨迹路径扫描产生相应的刀具路径。3D 扫描加工需要分别选择扫描截面和扫描路径，并设置相应的刀具路径参数和 3D 扫描加工参数。

5.4.1　3D 扫描加工范例说明

本范例的 3D 扫描加工的典型示例如图 5-34 所示。所需的原始素材文件为"3D 扫描加工.MCX"文件（该文件位于随书光盘的 CH5 文件夹中）。本范例采用默认的铣床加工系统，并且已经设置好毛坯工件。

图 5-34　3D 扫描加工

5.4.2　3D 扫描加工范例过程

（1）在"刀路"|"线框刀路"级联菜单中选择"3D 扫描"，系统弹出"输入新 NC 名称"对话框，如图 5-35 所示，接受或重新输入新的 NC 名称，单击 　✓　 （确定）按钮。

（2）输入断面外形（也称"截断轮廓"）数量为 1，如图 5-36 所示，按〈Enter〉键确定。

图 5-35　"输入新 NC 名称"对话框

图 5-36　输入断面外形数量

（3）系统弹出"串连选项"对话框，选择图 5-37 所示的圆弧定义断面外形，接着单击图 5-38 所示的螺旋线定义引导轮廓。单击"串连选项"对话框中的 　✓　 （确定）按钮。

图 5-37　定义断面外形

图 5-38　定义引导线

（4）系统弹出"3D 扫描"对话框，在"刀具参数"选项卡中进行图 5-39 所示的刀具参数设置。

图 5-39　设置 3D 扫描加工的刀具参数

（5）切换至"3D 扫描加工参数"选项卡，进行图 5-40 所示的 3D 扫描加工参数设置。

图 5-40　设置 3D 扫描加工参数

（6）在"3D 扫描"对话框中单击 ✓ （确定）按钮，最终生成的 3D 扫描加工刀具路径如图 5-41 所示。

（7）执行刀路管理器中的 ⬚ （验证已选择的操作）按钮功能，进行实体切削验证，结果如图 5-42 所示。

图 5-41　生成 3D 扫描加工刀具路径

图 5-42　实体切削验证结果

5.5　混氏加工

使用"刀路"|"线框刀路"级联菜单中的"混氏"功能，能够对混氏线架所表达的曲面模型产生刀具路径。混式加工也称昆式加工。

5.5.1　混氏加工范例说明

本范例主要介绍混氏加工的典型流程及其相关的参数设置方法。

本范例使用的源文件为"昆氏加工.MCX"文件（该文件位于随书光盘的 CH5 文件夹中）。本范例采用默认的铣床加工系统（读者可从菜单栏中选择"机床类型"|"铣床"|"默认"命令来设定）。本范例需要加工的线架图形如图 5-43a 所示，完成加工模拟的零件效果如图 5-43b 所示。

a)　　　　　　　　　　　　　　　　　　b)

图 5-43　混氏加工范例

a) 混氏加工的线架图形　b) 混氏加工完成的效果图

在执行"混氏加工"命令之前，读者可以先按照以下的典型方法及操作步骤设置工件毛坯。

（1）在刀路管理器中展开"属性-Generic Mill"标识，接着单击该标识下的"毛坯设置"。

（2）系统弹出"机床群组属性"对话框并自动切换至"毛坯设置"选项卡，进行图 5-44 所示的毛坯材料参数设置。

图 5-44 设置毛坯材料参数

（3）单击"机床群组属性"对话框中的 （确定）按钮，设置的工件毛坯如图 5-45 所示。

图 5-45 设置工件毛坯

5.5.2 混氏加工范例过程

本混氏加工范例的具体操作过程如图 5-46 所示。

（1）在默认的铣床加工系统中，从菜单栏中选择"刀路"|"线框刀路"|"混氏"命令，系统弹出"输入新 NC 名称"对话框，输入新 NC 名称，如图 5-46 所示，单击 ✓（确定）按钮。

图 5-46　输入新 NC 名称

（2）系统弹出图 5-47 所示的"输入引导方向缀面数"对话框，设置引导方向缀面数为 1，按〈Enter〉键确定。

（3）系统弹出图 5-48 所示的"输入截断方向缀面数"对话框，设置截断方向缀面数为 1，按〈Enter〉键确定。

输入引导方向缀面数	输入截断方向缀面数
1	1

图 5-47　输入引导方向缀面数　　　　　图 5-48　输入截断方向缀面数

（4）系统弹出"串连选项"对话框。首先在"串连选项"对话框中单击 ⊙⊙（部分串连）按钮，分别在 P1 和 P2 处单击以定义引导方向的串连外形 1，如图 5-49 所示。

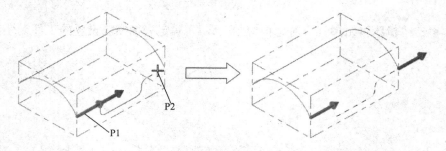

图 5-49　定义引导方向的第一个串连外形

系统出现"昆式曲面：定义引导方向串连 1 行 2"的提示信息。在"串连选项"对话框中单击 ／（单体）按钮，使用鼠标光标在图 5-50 所示的 P3 处单击。

继续以单体选择的方式分别在 P4、P5 处单击以定义截面方向的两个外形，如图 5-51 所示。

图 5-50 定义引导方向的串联 1 行 2　　　　图 5-51 定义截面方向的两外形

（5）结束串连选择并确定后，系统弹出"昆氏加工"对话框。在"刀具参数"选项卡中选用 Φ6 的圆鼻刀，将"刀号""刀长补正"和"半径补正"更改为 1，并设置"进给速率"为 300，"下刀速率"为 150，"主轴转速"为 2000，如图 5-52 所示。

图 5-52 设置昆氏加工的刀具参数

（6）切换到"昆氏加工参数"选项卡，进行图 5-53 所示的参数设置。

图 5-53　设置昆氏加工参数

（7）在"昆氏加工"对话框中单击 <u> ✔ </u>（确定）按钮，生成图 5-54 所示的昆氏加工刀具路径。

（8）可以进行实体切削验证的加工模拟，结果如图 5-55 所示。

图 5-54　生成昆氏加工刀具路径

图 5-55　实体切削验证

5.6　举升加工

使用"刀路"|"线框刀路"级联菜单中的"举升"功能，能够利用多个举升截面来生成加工刀具路径。

5.6.1　举升加工范例说明

本范例主要介绍举升加工的典型流程及其相关的参数设置方法。

本范例使用的源文件为"举升加工.MCX"文件（该文件位于随书光盘的 CH5 文件夹中）。本范例采用默认的铣床加工系统。本范例需要加工的线架图形如图 5-56a 所示，完成加工模拟的零件效果如图 5-56b 所示。本范例源文件已经设置好了工件毛坯。

a)　　　　　　　　　　　　　　　　　　　b)

图 5-56　举升加工范例

a) 举升加工的线架图形　b) 举升加工模拟的零件效果

　　举升刀具路径的内在产生方法其实和举升曲面的绘制方法类似，不同的是前者产生的为刀具路径，后者产生的则为举升曲面。

5.6.2　举升加工范例过程

　　本举升加工范例的具体操作过程说明如下。

　　（1）在菜单栏中选择"刀路"|"线框刀路"|"举升"命令，系统弹出"输入新 NC 名称"对话框，如图 5-57 所示，接受默认的名称或输入新的名称，然后单击 　✓　（确定）按钮。

　　（2）系统弹出"串连选项"对话框，以串连的方式选择图 5-58 所示的线架，注意保证每个截面的串连起点与方向一致。

串连外形1

串连外形2

串连外形3

图 5-58　指定串连图形

图 5-57　"输入新 NC 名称"对话框

　　（3）在"串连选项"对话框中单击 　✓　（确定）按钮。

　　（4）系统弹出"举升加工"对话框。在"刀具路径参数"选项卡中单击"从刀库选择"

按钮，打开"选择刀具"对话框。确保选择"mill_mm.tooldb"刀具资料库，接着在其刀具列表中选择图 5-59 所示的 Φ6 球刀，然后单击 ✓（确定）按钮。

图 5-59　选择刀具

（5）返回到"举升加工"对话框，在"刀具参数"选项卡中设置图 5-60 所示的刀具路径参数。

图 5-60　设置刀具参数

（6）切换至"举升参数"选项卡，进行图 5-61 所示的举升加工参数设置。

图 5-61　设置举升加工参数

（7）在"举升加工"对话框中单击 ✓ （确定）按钮，生成图 5-62 所示的举升加工刀具路径。

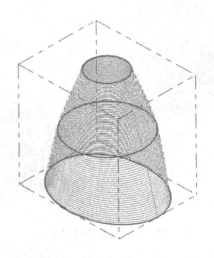

图 5-62　生成举升加工刀具路径

（8）在刀路管理器的工具栏中单击 （模拟已选择的操作）按钮，打开"路径模拟"对话框和一个操作栏，利用提供的相关控件按钮来进行刀路模拟，图 5-63 所示为刀路模拟过程中的一个截图。完成刀路模拟后，关闭"路径模拟"对话框。

图 5-63　刀路模拟

（9）在刀路管理器的工具栏中单击 （验证已选择的操作）按钮，打开"Mastercam 模拟"窗口，设置图 5-64 所示的选项及参数。接着在该窗口下方区域单击 （播放）按钮进行实体切削加工模拟，模拟验证结果如图 5-65 所示。

图 5-64　利用"Mastercam 模拟"窗口的功能区进行相关设置

图 5-65　实体切削的模拟验证结果

在"Mastercam 模拟"对话框中单击 ✕（关闭）按钮。

（10）进行后处理操作。

第6章 曲面粗/精加工刀具

路径范例解析

本章导读：

> Mastercam 提供了丰富的曲面铣削加工方法，包括曲面粗加工方法和曲面精加工方法等，其中曲面粗加工方法有平行铣削粗加工、放射状铣削粗加工、投影铣削粗加工、流线铣削粗加工、等高外形铣削粗加工、残料铣削粗加工、挖槽铣削粗加工和钻削式铣削粗加工；曲面精加工方法有平行铣削精加工、平行陡斜面精加工、放射状精加工、投影精加工、流线精加工、等高外形精加工、浅平面精加工、交线清角精加工、残料精加工、环绕等距精加工和熔接精加工。
>
> 本章首先列出曲面铣削刀具路径的主要知识点，然后通过综合范例的形式来介绍曲面粗加工和曲面精加工方面的应用知识及实战技巧。这种以范例引导、点到面提升的讲解方式有利于读者在实际工作中快速上手。

6.1 曲面铣削刀具路径知识概述

本章主要的知识点包括曲面粗加工和曲面精加工。

6.1.1 曲面粗加工

曲面粗加工包括平行铣削粗加工、放射状铣削粗加工、投影铣削粗加工、流线铣削粗加工、等高外形铣削粗加工、残料铣削粗加工、挖槽铣削粗加工和钻削式铣削粗加工。用于产生这些曲面粗加工刀具路径的命令位于铣削模块的"刀具路径"|"曲面粗切"级联菜单中，如图6-1所示。

- 粗加工平行铣削加工：以垂直于 XY 面为主切削面（并可由加工角度决定），紧贴着曲面轮廓产生平行的粗加工刀具路径。
- 粗加工放射状加工：指定一点作为放射中心，以扇面形式产生放射状的粗加工刀具路径。该粗加工方式特别适用于圆形坯件的铣削加工。
- 粗加工投影加工：将已有的刀具路径、线条或点投影到曲面上来产生粗加工刀具路径。
- 粗加工流线加工：将粗加工刀具路径沿着曲面流线方向切削。

图 6-1　铣削模块的"刀路"|"曲面粗切"级联菜单

- 粗加工等高外形加工：以 XY 为主切削面，紧挨着曲面边界产生粗加工刀具路径，并一层一层地往下推进，适用于已经铸锻成型的加工余量少而较为均匀的坯料。

- 粗加工残料加工：可以针对先前使用较大直径的刀具加工所残留的残料区域进行再次加工，以达到精加工前残料满足设计要求的目的。

- 粗加工挖槽加工：加工时可按照距高度来将路径分层，在同一个高度完成所有加工后再进行下一个高度的加工，可以将限制边界范围内的所有废料以挖槽方式铣削掉。挖槽的粗切方式有"双向""等距环切""平行环切""平行环切清角""高速切削""螺旋切削""单向切削""依外形切削"等。

- 粗加工钻削式加工：指刀具在毛坯上采用类似于钻孔样式的方式来铣削去除材料，能产生逐层钻削刀具路径，其加工速度快，但刀具上下动作频繁，对机床轴运动和刀具要求高。

在进行曲面粗加工时需要选择加工曲面，并设置相应的刀具路径参数、曲面加工参数和特有的铣削参数等。各曲面粗加工的方法基本类似，下面通过一个特例介绍曲面粗加工的典型方法及步骤。

（1）在菜单栏中选择"文件"|"打开文件"命令，系统弹出"打开"对话框，选择光盘中 CH6 文件夹目录下的"放射粗加工.MCX"，单击"打开"按钮，打开的该文件如图 6-2 所示。

图 6-2　"放射粗加工.MCX"已有曲面模型

（2）确保采用默认的铣床加工系统，在菜单栏中选择"刀路"|"曲面粗切"|"放射"命令。

（3）系统弹出"选择工件形状"对话框，选择"凸"单选按钮，如图 6-3 所示，然后单击 （确定）按钮。

（4）系统弹出"输入新 NC 名称"对话框，在文本框中输入"放射粗加工"，如图 6-4 所示，单击 （确定）按钮。

图 6-3 "选择工件形状"对话框

图 6-4 "输入新 NC 名称"对话框

（5）使用鼠标框选所有曲面作为加工曲面，如图 6-5 所示，按〈Enter〉键确认。系统弹出图 6-6 所示的"刀路曲面选择"对话框。

图 6-5 选择加工曲面

图 6-6 "刀路曲面选择"对话框

（6）在"刀路曲面选择"对话框的"干涉面"选项组中单击"显示"按钮，系统弹出一个对话框来显示干涉面检查结果，如图 6-7 所示，单击 （确定）按钮。

（7）在"刀路曲面选择"对话框的"选择放射中心点"选项组中，单击 （中心点）按钮，此时系统提示"选择放射中心"，使用鼠标选择图 6-8 所示的点作为放射中心。然后返回到"刀路曲面选择"对话框，单击 （确定）按钮。

图 6-7 干涉面检查结果

图 6-8 选择放射中心

（8）系统弹出"曲面粗切放射"对话框。在"刀具参数"选项卡中单击"从刀库选择"按钮，系统弹出"选择刀具"对话框，从"mill_mm.tooldb"刀具库的刀具列表中选择Φ12的圆鼻刀，如图 6-9 所示。单击"选择刀具"对话框的 ✓（确定）按钮，返回到"曲面粗切放射"对话框。

图 6-9 "选择刀具"对话框

（9）在"刀具参数"选项卡中进行图 6-10 所示的刀具参数设置，包括"进给速率""下刀速率"和"主轴转速"等。

图 6-10 设置刀具参数

（10）单击"曲面参数"选项标签，从而切换到"曲面参数"选项卡，设置图 6-11 所示的曲面加工参数。

图 6-11　设置曲面加工参数

（11）在"曲面参数"选项卡中单击"进/退刀"按钮，系统弹出"方向"对话框，设置图 6-12 所示的进/退刀向量参数，单击　（确定）按钮来确认。

图 6-12　"方向"对话框

（12）单击"放射粗切参数"选项标签，从而切换到"放射粗切参数"选项卡，设置图 6-13 所示的放射粗切参数。

（13）单击"切削深度"按钮，在弹出来的对话框中设置图 6-14 所示的参数，单击　（确定）按钮。

图 6-13　设置放射粗切参数

图 6-14　切削深度的设定

　　（14）单击"间隙设置"按钮，系统弹出"刀路间隙设置"对话框。在该对话框中设置图 6-15 所示的选项及参数，单击 ✓（确定）按钮。

　　（15）单击"高级设置"按钮，系统弹出"高级设置"对话框，设置图 6-16 所示的选项，然后单击 ✓（确定）按钮。

图 6-15　刀路间隙设置

图 6-16　高级设置

（16）在"曲面粗切放射"对话框中单击 （确定）按钮，生成的刀具路径如图 6-17 所示。

图 6-17　曲面粗加工放射状刀具路径

（17）在刀路管理器中展开当前机床群组的"属性"，如图 6-18 所示，接着单击该"属性"下的"毛坯设置"标识。

（18）系统弹出"机床群组属性"对话框，并自动切换到"毛坯设置"选项卡，设置图 6-19 所示的选项及参数，然后单击 （确定）按钮。

图 6-18　刀路管理器

图 6-19　工件毛坯材料设置

（19）在刀路管理器的工具栏中单击 （验证已选择的操作）按钮，弹出 "Mastercam 模拟"窗口，设置好相关的选项后，单击 （播放）按钮，模拟加工结果如图 6-20 所示。

图 6-20　模拟加工结果

6.1.2　曲面精加工

曲面精加工包括平行铣削精加工、平行陡斜面精加工、放射状精加工、投影精加工、流线精加工、等高外形精加工、浅滩精加工、交线清角精加工、残料精加工、环绕等距精加工和熔接精加工。用于产生这些曲面精加工刀具路径的命令位于铣削模块的"刀路"|"曲面精

修"级联菜单中，如图 6-21 所示。在这些曲面精加工中，有些是可以加工整个被选曲面的，如平行铣削精加工、放射状精加工、投影精加工、流线精加工、等高外形精加工和环绕等距精加工，而有些是可以只加工部分被选择曲面，如陡斜面精加工、浅滩精加工等。至于选择何种的曲面精加工，则主要根据被加工件的结构特点来综合确定。在精加工阶段，通常需要将公差值设置得更低一些，并采用能够获得更好加工效果的切削加工方式。

图 6-21 铣削模块的"刀路"|"曲面精修"级联菜单

- 精加工平行铣削：用于产生平行的铣削精加工刀具路径。
- 精加工平行陡斜面：主要用在粗加工或精加工之后，专门对相对较陡峭的曲面部分进行更进一步的精修加工，系统会根据设置的参数在众多的曲面中自动筛选出符合斜角范围的部分来产生相应的精修刀具路径。
- 精加工放射状：刀具绕着一个指定的中心进行工件某一个范围内的放射性精加工。
- 精加工投影加工：将曲面、点或其他 NCI 文件投影到被选曲面上来产生相应的精加工刀具路径。
- 精加工流线加工：其刀具沿曲面流线运动，可以获得很好的曲面加工效果。
- 精加工等高外形：用于沿着三维模型外形产生精加工刀具路径，特点是完成一个高度面上的所有加工后再进行下一个高度的加工。该精加工方法适用于加工具有特定高度或斜度较大的工件。
- 精加工浅滩加工（浅滩加工）：主要用于精加工一些比较平坦的曲面。
- 精加工交线清角加工：主要用于清除曲面交角处的残余材料。从加工结果来看，该精加工相当于在曲面间增设倒圆面。
- 精加工残料加工：通常更换较小的刀具来进行该方式加工，以消除残余材料。
- 精加工环绕等距加工：其刀具路径沿曲面环绕并且相互等距，该精加工方法适用于曲面变化较大的零件，通常用于当毛坯已经与零件效果很接近的时候。
- 精加工熔接加工：主要针对由两条曲线决定的区域进行铣削精加工。

为了让读者熟悉曲面精加工的一般方法及步骤，特意介绍了以下执行曲面精加工的一个操作范例。在该范例中应用了放射状曲面精加工和浅平面精加工。

1. 打开文件

在菜单栏中选择"文件"|"打开文件"命令，系统弹出"打开"对话框，选择光盘中 CH6 文件夹目录下的"曲面精加工 A.MCX"，单击"打开"按钮，打开的该文件如图 6-22 所示，也就是上一小节完成操作所得到的文件效果。

a)   b)

图 6-22 "曲面精加工.MCX"

a) 工件与曲面模型   b) 已有的放射状粗加工效果

2. 创建放射状精加工刀具路径，并进行加工模拟

（1）在菜单栏中选择"刀路"|"曲面精修"|"放射"命令。

（2）使用鼠标框选所有曲面作为加工曲面，如图 6-23 所示，按〈Enter〉键确定。

（3）系统弹出图 6-24 所示的"刀路曲面选择"对话框。在"选择放射中心点"选项组中单击 （中心点）按钮，此时系统提示"选择放射中心"。

图 6-23 选择加工曲面

图 6-24 "刀路曲面选择"对话框

（4）在"自动抓点"工具栏中单击 （快速绘点）按钮，接着输入"0,0,0"，按

〈Enter〉键确定，从而将原点作为放射中心。

（5）在"刀路曲面选择"对话框中单击 ✓ （确定）按钮，系统弹出"曲面精修放射"对话框。

（6）在"刀具参数"选项卡中单击"从刀库选择"按钮，系统弹出"选择刀具"对话框，从"mill_mm.tooldb"刀具库的刀具列表中选择Φ5的球刀，如图 6-25 所示。单击"选择刀具"对话框的 ✓ （确定）按钮。

图 6-25 "选择刀具"对话框

（7）在"刀具参数"选项卡中设置图 6-26 所示的刀具路径参数。

图 6-26 设置刀具路径参数

（8）切换至"曲面参数"选项卡，设置图 6-27 所示的参数。

图 6-27 设置曲面加工参数

（9）切换至"放射精修参数"选项卡，设置图 6-28 所示的放射状精加工参数。

图 6-28 设置放射状精加工参数

（10）单击"整体公差"按钮，系统弹出"圆弧过渡误差"对话框，设置图 6-29 所示的参数，然后单击 ✓ （确定）按钮。

（11）单击"间隙设置"按钮，系统弹出"刀路间隙设置"对话框，设置图 6-30 所示的刀具路径间隙参数，然后单击 ✓ （确定）按钮。

图 6-29 "圆弧过渡误差"对话框   图 6-30 刀具路径的间隙设置

（12）在"曲面精修放射"对话框中单击 （确定）按钮。

（13）在刀路管理器的工具栏中单击 （选择全部操作）按钮，如图 6-31 所示。

（14）在刀路管理器的工具栏中单击 （验证已选择的操作）按钮，弹出 "Mastercam 模拟"窗口，设置好相关的选项后，单击 （播放）按钮，模拟加工结果如图 6-32 所示。

图 6-31 选择全部操作   图 6-32 放射状精加工的模拟加工结果

3. 创建浅平面精加工刀具路径，并进行加工模拟

（1）关闭"Mastercam 模拟"窗口后，在菜单栏中选择"刀路"|"曲面精修"|"浅滩"命令。

（2）系统提示选择加工曲面。使用鼠标框选所有的曲面作为加工曲面，按〈Enter〉键确定。

（3）系统弹出"刀路曲面选择"对话框，直接单击 ✓ （确定）按钮。

（4）系统弹出"曲面精修浅滩"对话框。在"刀具参数"选项卡中设置图 6-33 所示的刀具参数，注意选择Φ5的球刀。

图 6-33　设置刀具参数

（5）切换至"曲面参数"选项卡，设置图 6-34 所示的曲面加工参数。

图 6-34　设置曲面加工参数

（6）切换至"浅滩精修参数"选项卡，设置图 6-35 所示的浅平面精加工参数。

曲面精修浅滩

| 刀具参数 | 曲面参数 | 浅滩精修参数 |

整体公差(T) 0.015   最大切削间距(M) 0.5

加工
角度   0.0   切削方向   3D 环绕

加工方向
　○ 逆时针   从
　● 顺时针   倾斜角度   0.0

　　　　　　　　　　　　　到
　　　　　　　　　　　　　倾斜角度   30.0

　　　　　　　　　　　　　切削
　　　　　　　　　　　　　延伸量   0.0

□ 定义下刀点

□ 由内而外环切

☑ 切削排序依照最短距离

□ 限定深度(D)   环绕设置(L)   间隙设置(G)   高级设置(E)

图 6-35　设置浅平面精加工参数

（7）在"曲面精修参数"对话框中单击 ☑（确定）按钮，创建的浅平面精加工刀具路径如图 6-36 所示（图中已经隐藏了曲面放射精修的刀具路径，并设置显示毛坯线框）。

（8）在刀路管理器的工具栏中单击 ↖（选择全部操作）按钮。

（9）在刀路管理器的工具栏中单击 ▣（验证已选择的操作）按钮，弹出"Mastercam 模拟"窗口，设置好相关的选项后，单击 ▶（播放）按钮，加工模拟的结果如图 6-37 所示。

图 6-36　浅平面精加工刀具路径　　　　　　图 6-37　加工模拟的结果

6.2　烟灰缸综合加工范例

本节介绍一个烟灰缸曲面综合加工范例。

6.2.1 范例加工说明

该范例所需的原始文件为"烟灰缸曲面造型.MCX",该文件可在随书光盘的 CH6 文件夹目录下被找到。打开"烟灰缸曲面造型.MCX"文件,则得到需要加工的曲面图形如图 6-38 所示。该范例最终完成加工模拟后的零件效果如图 6-39 所示。

图 6-38 需要加工的曲面图形   图 6-39 完成效果图

根据该烟灰缸曲面造型的图形特点等,首先确保机床加工系统和设置工件毛坯,工件毛坯应该留有一定的余量,接着进行相应的曲面粗加工和曲面精加工操作。在进行曲面粗加工和曲面精加工操作时,需要认真考虑采用何种刀具。通常曲面精加工比曲面粗加工采用直径更小的刀具。

6.2.2 设置工件毛坯

(1)在操作管理的刀路管理器中,双击图 6-40 所示的当前机床群组的"属性"标识,从而展开"属性"。

(2)在"属性"下单击图 6-41 所示的"毛坯设置"标识。

图 6-40 双击"属性"标识   图 6-41 单击"毛坯设置"标识

(3)系统弹出"机床群组属性"对话框。在"毛坯设置"选项卡中,从"形状"选项组中选择"立方体"单选按钮;单击"所有图形"按钮,系统给出包含所有图素的工件外形尺寸,可适当修改工件高度,并设置素材原点,如图 6-42 所示。

(4)单击 ✓ (确定)按钮,完成工件毛坯设置后的图形效果如图 6-43 所示。

图 6-42 "机床群组属性"对话框

图 6-43 完成设置毛坯

6.2.3 挖槽粗加工

（1）在菜单栏中选择"刀路"|"曲面粗切"|"挖槽"命令。

（2）系统弹出"输入新 NC 名称"对话框，输入新 NC 名称为"烟灰缸综合加工范例"，如图 6-44 所示，然后单击 （确定）按钮。

（3）系统提示选择加工曲面，使用鼠标框选所有的曲面，如图 6-45 所示，按〈Enter〉键确定。

（4）系统弹出"刀路曲面选择"对话框，在该对话框的"切削范围"选项组中单击 （选择）按钮，以串连的方式选择图 6-46 所示的曲面边界线，按〈Enter〉键确定。

图 6-44 输入新 NC 名称

图 6-45 选择加工曲面

图 6-46 指定串连曲面边界线

（5）在"刀路曲面选择"对话框中单击 ✓ （确定）按钮。

（6）系统弹出"曲面粗切挖槽"对话框。在"刀具参数"选项卡中单击"从刀库选择"按钮，系统弹出"选择刀具"对话框，单击"从刀库选择"按钮，单击 📂 （打开刀库）按钮，选择"Steel-MM.tooldb"刀具库来打开，接着从该刀库的刀具列表中选择Φ8的圆鼻刀，然后单击 ✓ （确定）按钮，返回到"曲面粗切挖槽"对话框。

（7）在"刀具参数"选项卡中设置图 6-47 所示的刀具路径参数。

图 6-47 设置刀具参数

（8）切换至"曲面参数"选项卡，设置图 6-48 所示的曲面加工参数。

图 6-48 设置曲面加工参数

（9）切换至"粗切参数"选项卡，设置图 6-49 所示的粗切参数。

图 6-49　设置粗切参数

（10）切换至"挖槽参数"选项卡，设置图 6-50 所示的挖槽参数。

图 6-50　设置挖槽参数

（11）在"曲面粗切挖槽"对话框中单击 （确定）按钮，创建的曲面粗切挖槽刀具路径如图 6-51 所示。

图 6-51　生成曲面粗加工挖槽刀具路径

6.2.4 等高外形精加工

（1）在菜单栏中选择"刀路"|"曲面精修"|"等高"命令。

（2）系统提示选择加工曲面。使用鼠标框选所有的曲面，按〈Enter〉键确定。

（3）系统弹出"刀路曲面选择"对话框，如图 6-52 所示，直接单击 ✓ （确定）按钮。

（4）系统弹出"曲面精修等高"对话框。在"刀具参数"选项卡上，通过使用"从刀库选择"按钮，从"Steel-MM.TOOLS"刀具库的刀具列表中选择Φ6 的球刀，并设置图 6-53 所示的参数。

图 6-52 "刀路曲面选择"对话框

图 6-53 设置相关刀具参数

（5）在"曲面精修等高"对话框中单击"曲面参数"选项标签，以切换至"曲面参数"选项卡，从中设置图 6-54 所示的曲面加工参数。

图 6-54 设置曲面加工参数

（6）在"曲面精修等高"对话框中单击"等高精修参数"选项标签，以切换至"等高精修参数"选项卡，设置图 6-55 所示的等高外形精加工参数。

图 6-55　设置等高外形精加工参数

（7）在"曲面精修等高"对话框中单击 ✓（确定）按钮，生成曲面精加工等高外形刀具路径。

6.2.5　浅平面精加工

（1）在菜单栏中选择"刀路"|"曲面精修"|"浅滩"命令。

（2）系统提示选择加工曲面。使用鼠标框选所有的曲面作为加工曲面，按〈Enter〉键确定。

（3）系统弹出"刀路曲面选择"对话框，直接单击该对话框中的 ✓（确定）按钮。

（4）系统弹出"曲面精修浅滩"对话框。在"刀具参数"选项卡中选择Φ6的球刀，并设置相应的"进给速率"为 1200，"下刀速率"为 400，"主轴转速"为 5300，"提刀速率"为 9999 等。

（5）切换至"曲面参数"选项卡，设置图 6-56 所示的曲面加工参数，注意将加工面预留量设置为 0。

图 6-56　设置曲面加工参数

（6）切换至"浅滩精修参数"选项卡，设置图 6-57 所示的浅滩精修参数。

图 6-57　设置浅滩精修参数

（7）单击"曲面精修浅滩"对话框中的 ✓ （确定）按钮，系统按照所设置的参数产生相应的浅平面精加工刀具路径（浅滩精修刀路）。

6.2.6　平行式陡斜面精加工

（1）在菜单栏中选择"刀路"|"曲面精修"|"平行陡斜面"命令。

（2）系统提示选择加工曲面。使用鼠标框选的方式选择所有的曲面作为加工曲面，按〈Enter〉键确定。

（3）系统弹出"刀路曲面选择"对话框，从中单击 ✓ （确定）按钮。

（4）系统弹出"曲面精修平行式陡斜面"对话框。在"刀路参数"选项卡中选择Φ6的球刀，并设置相应的"进给速率"为1200，"下刀速率"为400，"主轴转速"为5300，"提刀速率"为9999 等。

（5）切换至"曲面参数"选项卡，设置图 6-58 所示的曲面加工参数。

图 6-58　设置曲面加工参数

（6）切换至"陡斜面精修参数"选项卡，设置图 6-59 所示的陡斜面精加工参数。

图 6-59 设置陡斜面精加工参数

（7）在"曲面精修平行式陡斜面"对话框中单击 （确定）按钮，系统根据所设置的相关参数生成所需的曲面平行式陡斜面精加工刀具路径。

6.2.7 残料清角精加工

（1）在菜单栏中选择"刀路"|"曲面精修"|"残料"命令。

（2）系统提示选择加工曲面。使用鼠标框选的方式选择所有的曲面作为加工曲面，按〈Enter〉键确定。

（3）系统弹出"刀路曲面选择"对话框，直接单击该对话框中的 （确定）按钮。

（4）系统弹出"曲面精修残料清角"对话框。在"刀具参数"选项卡中设置图 6-60 所示的刀具参数，其中刀具选用Φ5 的球刀。

图 6-60 设置曲面精加工残料清角的刀具参数

（5）切换至"曲面参数"选项卡，设置图 6-61 所示的曲面加工参数。

图 6-61　设置曲面加工参数

（6）切换至"残料清角精修参数"选项卡，设置图 6-62 所示的残料清角精加工参数。

图 6-62　设置残料清角精加工参数

（7）切换至"残料清角材料参数"选项卡，接受设置图 6-63 所示的残料清角材料参数。

曲面精修残料清角

刀具参数 | 曲面参数 | 残料清角精修参数 | 残料清角材料参数

从粗切刀具计算剩余材料

粗切刀具直径: 12.0

粗切刀角半径: 6.0

重叠距离: 0.0

图 6-63 "残料清角材料参数"选项卡

（8）在"曲面精修残料清角"对话框中单击 ✓ （确定）按钮，从而生成所需的曲面精加工残料清角刀具路径。

6.2.8 实体加工模拟验证

（1）在刀路管理器的工具栏中单击 ▶ （选择全部操作）按钮，如图 6-64 所示。

（2）在刀路管理器的工具栏中单击 ▣ （验证已选择的操作）按钮，弹出"Mastercam 模拟"窗口，设置好相关的选项后，单击 ▶ （播放）按钮，加工模拟的结果如图 6-65 所示。

图 6-64 选中所有的操作

图 6-65 加工模拟的结果

（3）关闭"Mastercam 模拟"窗口。

6.3　猴公仔综合加工范例

本节介绍一个关于猴公仔的综合加工范例。

6.3.1　范例加工说明

该范例所需的原始文件为"玩具猴公仔.MCX"，该文件可在随书光盘的 CH6 文件夹目录下被找到。打开"玩具猴公仔.MCX"文件，得到需要加工的曲面图形如图 6-66 所示（隐藏了工件线架），该文件中已经设置好的工件如图 6-67 所示（显示工件线架）。

图 6-66　"玩具猴公仔.MCX"中的曲面　　　　图 6-67　已经设置好的工件毛坯

该综合加工范例最终完成加工模拟后的零件效果如图 6-68 所示。

图 6-68　猴公仔加工模拟后的效果

在该范例中，已经采用了默认的铣削加工系统，并且根据曲面形状和加工要求设置好所需的工件毛坯。本范例将用到这些曲面加工方式：平行铣削粗加工、残料铣削粗加工、平行铣削精加工、环绕等距精加工、浅平面精加工、平行陡斜面精加工、交线清角精加工和熔接精加工。本范例应用到的加工刀具包括（仅供参考）：Φ8 圆鼻刀、Φ6 圆鼻刀、Φ2 球刀和Φ1 球刀。

首先打开本范例所需的原始文件"玩具猴公仔.MCX"，接着按照以下具体方法和步骤进行范例操作。

6.3.2　平行铣削粗加工

（1）在菜单栏中选择"刀路"|"曲面粗切"|"平行"命令。

（2）系统弹出图 6-69 所示的"选择工件形状"对话框，选择"凸"单选按钮，然后单击 ✓（确定）按钮。

（3）系统弹出"输入新 NC 名称"对话框，输入"猴公仔综合加工范例"，如图 6-70 所示，然后单击 ✓（确定）按钮。

图 6-69 "选择工件形状"对话框

图 6-70 输入新 NC 名称

（4）系统提示选择加工曲面。使用"窗选"方法框选所有的曲面，如图 6-71 所示，按〈Enter〉键确定。

（5）系统弹出图 6-72 所示的"刀路曲面选择"对话框，直接在该对话框中单击 ✓（确定）按钮。

图 6-71 选择加工曲面

图 6-72 "刀路曲面选择"对话框

（6）系统弹出"曲面粗切平行"对话框。在"刀具参数"选项卡中单击"从刀库选择"按钮，打开"选择刀具"对话框，接着从"Steel-MM.tooldb"刀具库的刀具列表中选择Φ8 的圆鼻刀，然后单击"选择刀具"对话框中的 ✓（确定）按钮。

（7）在"刀具参数"选项卡中，设置"进给速率"为 500，"下刀速率"为 500，"主轴转速"为9500，其他采用默认值。

（8）切换至"曲面参数"选项卡，设置图 6-73 所示的曲面加工参数。

图 6-73　设置曲面加工参数

（9）切换至"粗切平行铣削参数"选项卡，设置图 6-74 所示的粗切平行铣削加工参数。

图 6-74　设置粗切平行铣削参数

（10）在"曲面粗切平行"对话框中单击 ☑ （确定）按钮，从而生成图 6-75 所示的曲面粗加工平行铣削刀具路径。为了便于观察以后生成的曲面加工刀具路径，可以使用刀路管理器工具栏中的 ≋ （切换显示已选择的刀路操作）按钮将该新生成的刀具路径隐藏。

图 6-75 曲面粗加工平行铣削刀具路径

6.3.3 残料铣削粗加工

（1）在菜单栏中选择"刀路"|"曲面粗切"|"残料"命令。

（2）系统提示选择加工曲面，使用鼠标默认以"视窗内"方式框选所有的曲面，如图 6-76 所示，然后按〈Enter〉键确定。

（3）系统弹出"刀路曲面选择"对话框，在该对话框的"切削范围"选项组中单击 （选择）按钮，单击图 6-77 所示的曲面边界线以指定串连边界范围，按〈Enter〉键确定。单击"刀路曲面选择"对话框中的 （确定）按钮。

图 6-76 选择加工曲面

图 6-77 指定边界范围

（4）系统弹出"曲面残料粗切"对话框。在"刀具参数"选项卡中单击"从刀库选择"按钮，弹出"选择刀具"对话框，接着从"Steel-MM.tooldb"刀具库的刀具列表中选择Φ6 的圆鼻刀，然后单击"选择刀具"对话框中的 （确定）按钮。

（5）在"刀具参数"选项卡中，设置"进给速率"为 340，"下刀速率"为 340，"主轴转速"为4200，其他采用默认值。

（6）切换至"曲面参数"选项卡，设置图 6-78 所示的曲面加工参数。

图 6-78　设置曲面残料粗加工的曲面加工参数

（7）切换至"残料加工参数"选项卡，设置图 6-79 所示的残料加工参数。

图 6-79　设置残料加工参数

（8）切换至"剩余毛坯参数"选项卡，设置图 6-80 所示的剩余毛坯参数。

图 6-80　设置剩余毛坯参数

（9）在"曲面残料粗切"对话框中单击 （确定）按钮，系统根据所设置的参数生成残料铣削粗加工刀具路径，如图 6-81 所示。

图 6-81　残料铣削粗加工刀具路径

（10）确保只选中残料铣削粗加工操作，在刀路管理器的工具栏中单击 ≈（切换显示已选择的刀路操作）按钮，将该粗加工刀具路径的显示状态切换为不显示。

6.3.4　平行铣削精加工

（1）在菜单栏中选择"刀路"|"曲面精修"|"平行"命令。

（2）系统提示选择加工曲面。使用鼠标默认以"范围内"方式框选所有的曲面，然后按〈Enter〉键确定。

（3）系统弹出图 6-82 所示的"刀路曲面选择"对话框，直接在该对话框中单击 ✓

（确定）按钮。

（4）系统弹出"曲面精修平行"对话框。在"刀具参数"选项卡中单击"从刀库选择"按钮，弹出"选择刀具"对话框，接着从"Steel-MM.tooldb"刀具库的刀具列表中选择Φ2的球刀，然后单击"选择刀具"对话框中的 <u> ✓ </u> （确定）按钮。

（5）在"刀具参数"选项卡中为所选球刀设置图 6-83 所示的参数，如将"进给速率"设置为200，"下刀速率"设置为 200 等。

图 6-82 "刀路曲面选择"对话框

图 6-83 设置刀具相关参数

（6）单击"曲面参数"选项标签，切换至"曲面参数"选项卡，从中进行图 6-84 所示的参数设置。

图 6-84 设置曲面精加工平行铣削的曲面加工参数

（7）切换至"平行精修铣削参数"选项卡，从中进行图 6-85 所示的参数设置。

图 6-85　设置精加工平行铣削参数

（8）在"曲面精修平行"对话框中单击 （确定）按钮，生成的平行铣削精加工刀具路径如图 6-86 所示。

图 6-86　平行铣削精加工刀具路径

（9）确保只选中该平行铣削精加工操作，在刀路管理器的工具栏中单击 ≋（切换显示已选择的刀路操作）按钮，将该精加工操作的刀具路径切换为不显示的状态。

6.3.5　环绕等距铣削精加工

（1）在菜单栏中选择"刀路"|"曲面精修"|"环绕"命令。

（2）系统提示选择加工曲面，使用鼠标默认以"范围内"方式框选所有的曲面，然后按〈Enter〉键确定。

（3）系统弹出图 6-87 所示的"刀路曲面选择"对话框，直接在该对话框中单击 ⌷ ✓（确定）按钮。

（4）系统弹出"曲面精修环绕等距"对话框。在"刀具参数"选项卡中选择Φ2 的球刀，并设置图 6-88 所示的参数。

图 6-87 "刀路曲面选择"对话框   图 6-88 设置的刀具参数

（5）切换至对话框的"曲面参数"选项卡，设置图 6-89 所示的曲面加工参数。

图 6-89 设置曲面加工参数

（6）切换至对话框的"环绕等距精修参数"选项卡，设置图 6-90 所示的环绕等距精修参数。

（7）单击"曲面精修环绕等距"对话框中的 [✓]（确定）按钮，生成的环绕等距精加工刀具路径如图 6-91 所示。

图 6-90　设置环绕等距精修参数

图 6-91　环绕等距精加工刀具路径

（8）确保只选中该环绕等距精加工操作，接着在刀路管理器的工具栏中单击 ≋ （切换显示已选择的刀路操作）按钮，从而将该精加工操作刀具路径的显示状态切换为不显示。

6.3.6　浅平面精加工

（1）在菜单栏中选择"刀路"|"曲面精修"|"浅滩"命令。

（2）系统提示选择加工曲面。框选所有的曲面作为加工曲面，按〈Enter〉键确定。

（3）系统弹出图 6-92 所示的"刀路曲面选择"对话框，直接单击 ✓ （确定）按钮。

（4）系统弹出"曲面精修浅滩"对话框。在"刀具参数"选项卡中选择Φ2 的球刀，并设置图 6-93 所示的参数。

（5）切换至"曲面参数"选项卡，设置图 6-94 所示的曲面加工参数。

图 6-92 "刀路曲面选择"对话框

图 6-93 设置相关的刀具参数

图 6-94 设置曲面加工参数

（6）切换至"浅滩精修参数"选项卡，设置图 6-95 所示的浅平面精加工参数。

图 6-95 设置浅平面精加工参数

（7）单击"曲面精修浅滩"对话框中的 ✓ （确定）按钮，生成的浅平面精加工刀具路径如图 6-96 所示。

图 6-96　浅平面精加工刀具路径

（8）确保只选中该浅平面精加工操作，接着在刀路管理器的工具栏中单击 ≋ （切换显示已选择的刀路操作）按钮，从而将该精加工操作的刀具路径的显示状态切换为不显示。

6.3.7　平行陡斜面精加工

（1）在菜单栏中选择"刀路"|"曲面精修"|"平行陡斜面"命令。

（2）系统提示选择加工曲面。框选所有的曲面作为加工曲面，按〈Enter〉键确定。

（3）系统弹出"刀路曲面选择"对话框，直接单击该对话框中的 ✓ （确定）按钮。

（4）系统弹出"曲面精修平行式陡斜面"对话框。在"刀具参数"选项卡中选择Φ2 的球刀，并设置"进给速率"为200，"下刀速率"为200，"主轴转速"为10000。

（5）切换至"曲面参数"选项卡，设置图 6-97 所示的参数。

图 6-97　设置曲面加工参数

（6）切换至"陡斜面精修参数"选项卡，设置图 6-98 所示的陡斜面精加工参数。

图 6-98　设置陡斜面精加工参数

（7）在"曲面精修平行式陡斜面"对话框中单击 （确定）按钮，产生的平行式陡斜面精加工刀具路径如图 6-99 所示。

图 6-99　平行式陡斜面精加工刀具路径

（8）将该精加工刀具路径的显示状态切换为隐藏。

6.3.8　清角精加工

（1）在菜单栏中选择"刀路"|"曲面精修"|"清角"命令。

（2）框选所有的曲面作为加工曲面，按〈Enter〉键确定。

（3）系统弹出"刀路曲面选择"对话框，接着在该对话框中单击 （确定）按钮。

（4）系统弹出"曲面精修清角"对话框。在"刀具参数"选项卡中选择Φ2 的球刀，并设置"进给速率"为 200，"下刀速率"为 200，"主轴转速"为 10000。

（5）切换至"曲面参数"选项卡，设置图 6-100 所示的曲面参数。

图6-100　设置曲面参数

（6）切换至"清角精修参数"选项卡，设置图6-101所示的清角精加工参数。

图6-101　设置清角精加工参数

（7）在"曲面精修清角"对话框中单击 （确定）按钮，产生的清角精加工刀具路径如图6-102所示。

（8）将该精加工刀具路径的显示状态切换为隐藏。

图 6-102　清角精加工刀具路径

6.3.9　熔接铣削精加工

（1）在菜单栏中选择"刀路"|"曲面精修"|"熔接"命令。

（2）系统提示选择加工曲面。使用鼠标框选所有的曲面作为加工曲面，按〈Enter〉键确定。

（3）系统弹出图 6-103 所示的"刀路曲面选择"对话框。在"选择熔接曲线"选项组中单击 ⬚（选择）按钮，系统弹出"串连选项"对话框，单击 ⬚（串连）按钮。在绘图区下方的属性状态栏中单击"层别"标签，打开"层别管理"对话框，在该对话框中单击层别 2 的"高亮（突显）"单元格，将其设置为显示（突显）状态，然后单击 ⬚（确定）按钮。在绘图区分别指定串连 1 和串连 2，如图 6-104 所示，然后在"串连选项"对话框中单击 ⬚（确定）按钮。

图 6-103　"刀路曲面选择"对话框

图 6-104　指定两串连图形

（4）在"刀路曲面选择"对话框中单击 ✓（确定）按钮。

（5）系统弹出"曲面精修熔接"对话框。在"刀具参数"选项卡中单击"从刀库选择"按钮，系统弹出"选择刀具"对话框，打开"Steel-MM.tooldb"刀库，选择Φ1的球刀，然后单击"选择刀具"对话框中的 ✓（确定）按钮。

（6）切换至"曲面参数"选项卡，设置图6-105所示的曲面加工参数。

图6-105 设置曲面熔接精加工的曲面加工参数

（7）切换至"熔接精修参数"选项卡，设置图6-106所示的熔接精加工参数。

图6-106 设置熔接精加工参数

（8）在"曲面精修熔接"对话框中单击 （确定）按钮，从而生成曲面熔接精加工刀具路径。

6.3.10 实体加工模拟验证

（1）在刀路管理器的工具栏中单击 （选择全部操作）按钮。

（2）在刀路管理器的工具栏中单击 （验证已选择的操作）按钮，弹出"Mastercam模拟"窗口，设置好相关的选项后，单击 （播放）按钮，加工模拟的结果如图 6-107 所示。

图 6-107　加工模拟的结果

（3）单击 （关闭）按钮，结束加工模拟操作。

6.4　车轮曲面综合加工范例

本节介绍一个关于车轮曲面的综合加工范例。

6.4.1 范例加工说明

该范例是对一个较为复杂的曲面模型进行加工，所需的原始文件为"车轮曲面.MCX"，该文件可在随书光盘的 CH6 文件夹目录下被找到。打开"车轮曲面.MCX"文件，得到需要加工的曲面图形和工件如图 6-108 所示。该范例最终完成加工模拟后的零件效果如图 6-109 所示。

图 6-108　"车轮曲面.MCX"文件　　　　图 6-109　车轮曲面加工模拟后的效果

根据曲面模型的形状特点，拟在粗加工阶段采用平行铣削粗加工的方式去除大量的余量，加工的刀具可以采用直径大一些的圆鼻刀（如Φ16 圆鼻刀），接着再采用Φ10 圆鼻刀对工件进行放射状曲面粗加工以起到半精加工的初步效果。在精加工阶段，可以先执行放射状精加工（刀具采用Φ6球刀），再执行针对相对方位的两个平行式陡斜面精加工，以及执行一次浅平面精加工，可采用Φ3球刀。如果考虑经济性与加工效率等因素，则在整个加工过程中，可只选用两到三种刀具。

6.4.2　平行铣削粗加工

（1）在菜单栏中选择"刀路"|"曲面粗切"|"平行"命令。

（2）系统弹出图6-110所示的"选择工件形状"对话框，接受默认的"未定义"单选按钮，单击 ✓（确定）按钮。

（3）系统弹出"输入新 NC 名称"对话框，在文本框中输入"车轮曲面综合加工范例"，如图6-111所示，然后单击 ✓（确定）按钮。

图6-110　"选择工件形状"对话框　　　　　　图6-111　输入新 NC 名称

（4）系统提示选择加工曲面。使用鼠标框选图6-112所示的所有曲面，按〈Enter〉键来确定。

（5）系统弹出"刀路曲面选择"对话框，如图6-113所示，然后单击 ✓（确定）按钮。

图6-112　选择加工曲面　　　　　　　　　图6-113　"刀路曲面选择"对话框

（6）系统弹出"曲面粗切平行"对话框。在"刀具参数"选项卡中单击"从刀库选择"按钮，打开"选择刀具"对话框，单击 📂（打开刀库）按钮，从弹出的一个对话框中选择"Steel-MM.tooldb"刀具库，单击"打开"按钮以打开该刀库，接着从该刀库的刀具列表中选择Φ16的圆鼻刀，然后单击 [√]（确定）按钮。

（7）在"刀具参数"选项卡中设置相应的"进给速率""下刀速率""主轴转速""主轴方向"和"提刀速率"等。

（8）在"曲面粗切平行"对话框中切换到"曲面参数"选项卡，设置图 6-114 所示的曲面加工参数。

图 6-114　设置曲面加工参数

（9）切换到"粗切平行铣削参数"选项卡，设置图 6-115 所示的粗加工平行铣削参数。

图 6-115　设置粗加工平行铣削参数

（10）在"曲面粗切平行铣削"对话框中单击 [√]（确定）按钮，从而生成粗加工平行铣削的刀具路径，如图 6-116 所示。

图 6-116 生成粗加工平行铣削的刀具路径

（11）将该加工刀具路径的显示状态切换为隐藏。

6.4.3 放射状曲面粗加工

（1）在菜单栏中选择"刀路"|"曲面粗切"|"放射"命令。

（2）系统弹出"选择工件形状"对话框，选择"未定义"单选按钮，单击该对话框中的 ✓ （确定）按钮。

（3）使用鼠标框选所有的曲面作为加工曲面，按〈Enter〉键确定。

（4）系统弹出图 6-117 所示的"刀路曲面选择"对话框，在"选择放射中心点"选项组中单击 ▷ （中心点）按钮，接着在"自动抓点"工具栏中单击 ✦ （快速绘点）按钮，并在出现的文本框中输入"0,0,0"，如图 6-118 所示，按〈Enter〉键确定坐标输入。

图 6-117 "刀路曲面选择"对话框

图 6-118 输入放射中心坐标

（5）在"刀路曲面选择"对话框中单击 ✓ （确定）按钮，系统弹出"曲面粗切放射"对话框。

（6）在"刀具参数"选项卡中，单击"从刀库选择"按钮，打开"选择刀具"对话框，接着从"Steel-MM.tooldb"刀具库的刀具列表中选择Φ10的圆鼻刀，然后单击"选择刀具"

对话框中的 ✓ （确定）按钮。

（7）在"刀具参数"选项卡中设置"进给速率"为 700，"下刀速率"为 350，"主轴转速"为 4500，"主轴方向"为顺时针，"提刀速率"为 9999。

（8）切换到"曲面参数"选项卡，设置图 6-119 所示的曲面加工参数。

图 6-119　设置曲面加工参数

（9）切换到"放射粗切参数"选项卡，设置图 6-120 所示的放射状粗加工参数。

图 6-120　设置放射状粗加工参数

（10）在"曲面粗切放射"对话框中单击 ✓ （确定）按钮，生成图 6-121 所示的刀具路径。

图 6-121 放射状曲面粗加工的刀具路径

（11）隐藏该刀具路径。

6.4.4 放射状曲面精加工

（1）在菜单栏中选择"刀路"|"曲面精修"|"放射"命令。

（2）选择所有的曲面作为加工曲面，按〈Enter〉键确定。

（3）系统弹出图 6-122 所示的"刀路曲面选择"对话框，在"选取放射中心点"选项组中单击 （中心点）按钮，接着在"自动抓点"工具栏中单击 （快速绘点）按钮，并在出现的文本框中输入"0,0,0"，如图 6-123 所示，按〈Enter〉键确定坐标输入。

图 6-122 "刀路曲面选择"对话框　　　　图 6-123 "自动抓点"工具栏

（4）在"刀路曲面选择"对话框中单击 （确定）按钮，系统弹出"曲面精修放射"对话框。

（5）在"刀具参数"选项卡中单击"从刀库选择"按钮，打开"选择刀具"对话框，接着从"Steel-MM.TOOLS"刀具库的刀具列表中选择Φ6 的球刀，然后单击"选择刀具"对话框中的 （确定）按钮。

（6）在"刀具参数"选项卡中，设置"进给速率"为1200，"下刀速率"为300，"主轴转速"为5300，"主轴方向"为顺时针，"提刀速率"为9999。

（7）在"曲面参数"选项卡中，设置图 6-124 所示的曲面加工参数。

图 6-124　设置曲面加工参数

（8）切换到"放射精修参数"选项卡，从中设置图 6-125 所示的放射状精加工参数。

图 6-125　设置放射状精加工参数

（9）在"曲面精修放射"对话框中单击 ✓ （确定）按钮，从而生成放射状曲面精加工刀具路径。

（10）隐藏该刀具路径。

6.4.5　平行式陡斜面精加工 1

（1）在菜单栏中选择"刀路"|"曲面精修"|"平行陡斜面"命令。

（2）选择所有的曲面作为加工曲面，如图6-126所示，按〈Enter〉键确定。

（3）系统弹出图6-127所示的"刀路曲面选择"对话框，直接单击其中的 （确定）按钮。

图6-126　选择加工曲面

图6-127　"刀路曲面选择"对话框

（4）系统弹出"曲面精修平行式陡斜面"对话框。在"刀具参数"选项卡中单击"从刀库选择"按钮，打开"选择刀具"对话框，接着从"Steel-MM.tooldb"刀具库的刀具列表中选择Φ3的球刀，然后单击"选择刀具"对话框中的 （确定）按钮。接着在"刀具参数"选项卡中，自行设置相应的"进给速率""下刀速率""主轴转速""主轴方向"和"提刀速率"等参数。

（5）切换到"曲面参数"选项卡，设置图6-128所示的曲面加工参数。

图6-128　设置曲面加工参数

（6）切换到"陡斜面精修参数"选项卡，设置图 6-129 所示的陡斜面精加工参数，注意将"加工角度"设置为0。

图 6-129　设置陡斜面精加工参数 1

（7）在"曲面精修平行式陡斜面"对话框中单击 ✓（确定）按钮，系统产生图 6-130 所示的平行式陡斜面精加工刀具路径。

图 6-130　平行式陡斜面精加工刀具路径

6.4.6　平行式陡斜面精加工 2

（1）在菜单栏中选择"刀路"|"曲面精修"|"平行陡斜面"命令。

（2）选择所有的曲面作为加工曲面，按〈Enter〉键确定。

（3）系统弹出"刀路曲面选择"对话框，直接单击其中的 ✓（确定）按钮。

（4）系统弹出"曲面精修平行式陡斜面"对话框。在"刀具参数"选项卡中选择Φ3 的球刀，并自行设置相应的"进给速率""下刀速率""主轴转速""主轴方向"和"提刀速率"等参数。

（5）在"曲面参数"选项卡中设置图 6-131 所示的参数。

图 6-131　设置曲面加工参数

（6）在"陡斜面精修参数"选项卡中设置图 6-132 所示的参数，注意"加工角度"为 90。

图 6-132　设置陡斜面精加工参数 2

（7）在"曲面精修平行式陡斜面"对话框中单击 （确定）按钮，系统产生所需的第二部分的陡斜面精加工刀具路径，如图 6-133 所示。从图中可以看出，不同加工角度的两平行式陡斜面精加工刀具路径能够相互补充，恰到好处地精加工需要精修的曲面部位。

a)

b)

图 6-133　产生平行陡斜面精加工 2 的刀具路径

a) 没有隐藏平行式陡斜面精加工 1 的刀具路径　b) 隐藏平行式陡斜面精加工 1 的刀具路径

6.4.7 浅平面精加工

（1）在菜单栏中选择"刀路"|"曲面精修"|"浅滩"命令。

（2）使用鼠标框选所有的曲面作为加工曲面，按〈Enter〉键确定。

（3）系统弹出图 6-134 所示的"刀路曲面选择"对话框，直接单击其中的 ✓（确定）按钮。

（4）系统弹出"曲面精修浅滩"对话框。在"刀具参数"选项卡中选择Φ3 的球刀，并设置图 6-135 所示的刀具参数。

图 6-134 "刀路曲面选择"对话框

图 6-135 设置刀具参数

（5）切换到"曲面参数"选项卡，设置图 6-136 所示的曲面加工参数。

图 6-136 设置曲面加工参数

（6）切换到"浅滩精修参数"选项卡，设置图 6-137 所示的浅平面精加工参数。

图 6-137　设置浅平面精加工参数

（7）在"曲面精修浅滩"对话框中单击 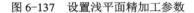（确定）按钮，从而生成浅平面精加工的刀具路径。

6.4.8　实体加工模拟验证

（1）在刀路管理器的工具栏中单击 ▶️（选择全部操作）按钮，如图 6-138 所示。

（2）在刀路管理器的工具栏中单击 ☑️（验证已选择的操作）按钮，弹出"Matercam 模拟"窗口，在其功能区"主页"选项卡中设置图 6-139 所示的相关选项。

图 6-138　选择所有的操作

图 6-139　"Mastercam 模拟"窗口

（3）在"Matercam 模拟"窗口中单击 ▶（播放）按钮，依次完成各加工操作的模拟效果，如图 6-140 所示。如果设置停止条件为"更换操作时"，那么每完成模拟一个操作时，均可手动单击 ▶（播放）按钮继续模拟下一个加工操作。

a)　　　　　　　　　　　　b)　　　　　　　　　　　　c)

d)　　　　　　　　　　　　e)　　　　　　　　　　　　f)

图 6-140　加工模拟的结果

a) 工件毛坯　b) 完成平行铣削粗加工　c) 完成放射状曲面粗加工

d) 完成放射状曲面精加工　e) 完成平行陡斜面精加工 1 和 2　f) 完成浅平面精加工

为了使读者更清晰地观察和体会最终的实体切削模拟效果，请看图 6-141 所示。

图 6-141　综合加工范例完成的加工效果

（4）关闭"Matercam 模拟"窗口。

6.5　手机零件模具综合加工范例

本节介绍一个关于手机零件模具（上模）的综合加工范例。

6.5.1 范例加工说明

该范例是对一个较为复杂的手机上盖零件的上模曲面进行加工,所需的原始文件为"手机零件模具.MCX",该文件可在随书光盘的 CH6 文件夹目录下被找到。打开"手机零件模具.MCX"文件,得到需要加工的模具曲面图形如图 6-142 所示。该范例最终完成加工模拟后的模具零件效果如图 6-143 所示。

图 6-142 模具曲面图形

图 6-143 完成加工模拟后的模具零件

在该范例中,采用外形铣削→平面铣削→平行铣削粗加工→等高外形粗加工→等高外形精加工→环绕等距铣削精加工→浅平面铣削精加工→交线清角精加工→残料清角精加工等加工步骤来完成整个模具零件的加工。结合本范例上机练习,将能够有效地训练读者的曲面加工综合应用能力。至于刀具的选用,仅供学习参考,读者可以对其进行优化。

当然,对于较为复杂的曲面而言,采用多轴刀具路径获得的曲面加工效果较佳,这将在后面的章节中介绍。

6.5.2 选择加工系统与设置工件毛坯

(1)启动 Mastercam X9,打开"手机零件模具.MCX"文件,接着在菜单栏中选择"机床类型"|"铣床"|"默认"命令,从而确定了铣床加工系统。

(2)在刀路管理器的管理列表中,展开当前机床群组的"属性",如图 6-144 所示,接着单击"毛坯设置"标识。

(3)系统弹出"机床群组属性"对话框,在"毛坯设置"选项卡中选择"形状"选项组下的"立方体"单选按钮,接着单击"边界盒"按钮,以窗选方式选择全部图形,按〈Enter〉键确认,系统打开"边界盒"对话框,设置图 6-145 所示的边界盒选项,单击"边界盒选项"对话框中的 (确定)按钮。

(4)在"机床群组属性"对话框的"毛坯设置"选项卡中,修改素材原点坐标,如图 6-146 所示。

图 6-144 展开"属性"标识

图 6-145　设置边界盒选项　　　　　　　图 6-146　修改毛坯参数

（5）单击"机床群组属性"对话框的 ✓（确定）按钮，完成设置的模具工件毛坯如图 6-147 所示。

图 6-147　设置好工件毛坯

6.5.3　外形铣削

在执行外形铣削加工之前，先创建所需的曲面边界线，其方法是在菜单栏中选择"绘图"|"曲面曲线"|"单一边界"命令，接着选取侧曲面并移动显示箭头到想要的曲面下边界处，如图 6-148 所示，如此操作直到在所有侧曲面下边界处获得相连的闭合边界曲线。

然后按照以下方法及步骤来创建外形铣削刀具路径。

（1）在菜单栏中选择"刀路"|"外形"命令。

（2）系统弹出"输入新 NC 名称"对话框，输入新 NC 名称为"手机零件模具数控加工"，单击 ✓（确定）按钮。

（3）系统弹出"串连选项"对话框，选择 ◯◯（串连）按钮，单击图 6-149 所示的曲面边界曲线，接着单击"串连选项"对话框中的 ✓（确定）按钮。

边界曲线

图 6-148　创建曲面边界曲线

图 6-149　串连选取边界曲线

（4）系统弹出"2D 刀路-外形铣削"对话框。在"刀具"类别选项页中单击"从刀库选择"按钮，打开"选择刀具"对话框，接着从"Mill_mm.tooldb"刀具库的刀具列表中选择Φ10 的平底刀，然后单击"选择刀具"对话框中的 ✓（确定）按钮。

（5）在"刀具"类别选项页中设置图 6-150 所示的参数。

图 6-150　设置相关的刀具参数

（6）切换至"共同参数"类别选项页，设置图 6-151 所示的共同参数。

图 6-151　设置共同参数

（7）切换至"切削参数"类别选项页，设置图 6-152 所示的切削参数。

图 6-152　设置切削参数

（8）切换至"XY 分层切削"类别选项页，接着勾选"XY 分层切削"复选框，以及设置该类别相关的参数和选项，如图 6-153 所示。

图 6-153　设置"XY 分层切削"参数和选项

（9）切换至"Z 分层切削"类别选项页，从中设置图 6-154 所示的深度分层切削参数。

图 6-154　设置深度分层切削参数

（10）在"2D 刀路-外形铣削"对话框中单击 （确定）按钮，创建的 2D 外形铣削刀具路径如图 6-155 所示。

图 6-155　生成 2D 外形铣削刀具路径

（11）将该刀路的显示状态切换为隐藏状态。

6.5.4　平面铣削

（1）在菜单栏中选择"刀路"|"平面铣"命令。

（2）系统弹出"串连选项"对话框，直接单击该对话框中的 （确定）按钮，以在已定义的材料毛坯工件上进行面铣操作。

（3）系统弹出"2D 刀路-平面铣削"对话框。在"刀具"类别选项页中进行图 6-156 所示的参数设置。

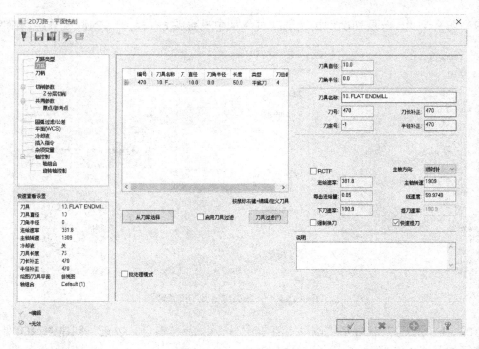

图 6-156　设置刀具参数

（4）切换到"共同参数"类别选项页，设置图 6-157 所示的公共参数。此时可单击 （应用）按钮。

图 6-157　设置共同参数

（5）切换至"切削参数"类别选项页，设置图 6-158 所示的切削参数。

图 6-158　设置切削参数

（6）切换至"Z 分层切削"类别选项页，设置图 6-159 所示的深度分层切削参数，其中"最大粗切步进量"为 1.5，"精修次数"为 1，"精修量"为 0.5，勾选"不提刀"复选框。

图 6-159　设置深度分层切削参数

（7）在"2D 刀路–平面铣削"对话框中单击 ☑（确定）按钮，系统产生图 6-160 所示的平面铣削刀具路径。

图 6-160　生成平面铣削刀具路径

（8）隐藏该平面铣削刀具路径。

6.5.5　平行铣削粗加工

（1）在菜单栏中选择"刀路"|"曲面粗切"|"平行"命令。

（2）系统弹出"选择工件形状"对话框，如图 6-161 所示，选择"凹"单选按钮，单击 ✓ （确定）按钮。

（3）系统提示选择加工曲面。使用鼠标指定两个角点来框选整个曲面作为加工曲面，如图 6-162 所示，按〈Enter〉键确定。系统弹出"刀路曲面选择"对话框，直接单击该对话框中的 ✓ （确定）按钮，系统弹出"曲面粗切平行"对话框。

图 6-161　"选择工件形状"对话框

图 6-162　选择加工曲面

（4）在"刀具参数"选项卡中单击"从刀库选择"按钮，打开"选择刀具"对话框，接着从"Mill_mm.tooldb"刀具库的刀具列表中选择Φ8 的圆鼻刀（其刀角半径为 1），然后单击"选择刀具"对话框中的 ✓ （确定）按钮。在"刀具参数"选项卡中为所选的该圆鼻刀设置"进给速率""下刀速率"（即进刀速率）、"主轴转速"和"提刀速率"等。

（5）切换到"曲面参数"选项卡，设置图 6-163 所示的曲面加工参数。

图 6-163　设置曲面加工参数

（6）切换到"粗切平行铣削参数"选项卡，设置图 6-164 所示的粗加工平行铣削参数。

图 6-164 设置粗加工平行铣削参数

（7）在"曲面粗切平行"对话框中单击 （确定）按钮，从而创建平行铣削粗加工刀具路径。

（8）隐藏该平行铣削粗加工刀具路径。

6.5.6 等高外形粗加工

（1）在菜单栏中选择"刀路"|"曲面粗切"|"等高"命令。

（2）系统提示选择加工曲面。使用鼠标指定两个角点来框选图 6-165 所示的曲面（即选择除侧面之外的所有曲面）作为加工曲面，按〈Enter〉键确定。系统弹出"刀路曲面选择"对话框，直接单击该对话框中的 （确定）按钮，系统弹出"曲面粗切等高"对话框。

图 6-165 选择加工曲面

（3）在"刀具参数"选项卡中单击"从刀库和"按钮，打开"选择刀具"对话框，接着从"Mill_mm.tooldb"刀具库的刀具列表中选择Φ5 的球刀，然后单击"选择刀具"对话框中的 （确定）按钮。在"刀具路径参数"选项卡中自行为所选的该球刀设置"进给速率""下刀速率""主轴转速"和"提刀速率"等。

（4）切换到"曲面参数"选项卡，设置图 6-166 所示的参数。

图 6-166　设置曲面加工参数

（5）切换到"等高粗切参数"选项卡，设置图 6-167 所示的等高外形粗加工参数。

图 6-167　设置等高外形粗加工参数

（6）在"曲面粗切等高"对话框中单击 ✓（确定）按钮，系统生成图 6-168 所示的等高外形粗加工刀具路径。

图 6-168　等高外形粗加工刀具路径

（7）隐藏该等高外形粗加工刀具路径。

6.5.7 等高外形精加工

（1）在菜单栏中选择"刀路"|"曲面精修"|"等高"命令。

（2）系统提示选择加工曲面。使用鼠标框选所有的曲面作为加工曲面，按〈Enter〉键确定。接着在"刀路曲面选择"对话框的"切削范围"选项组中的 （选择）按钮，系统弹出"串连选项"对话框，串连选取图 6-169 所示的边界曲线，单击"串连选项"对话框中的 （确定）按钮，此时，"刀路曲面选择"对话框如图 6-170 所示，从中单击 （确定）按钮。

图 6-169　串连选择边界曲线

图 6-170　"刀路曲面选择"对话框

（3）系统弹出"曲面精修等高"对话框。在"刀路参数"选项卡中单击"从刀库选择"按钮，打开"选择刀具"对话框，接着从"Mill_mm.tooldb"刀具库的刀具列表中选择Φ2的平底刀，然后单击"选择刀具"对话框中的 （确定）按钮。返回到"刀具参数"选项卡，为所选的该刀具设置"进给速率""下刀速率""主轴转速"和"提刀速率"等。

（4）切换到"曲面参数"选项卡，设置图 6-171 所示的参数。

图 6-171　设置曲面加工参数

（5）切换到"等高精修参数"选项卡，设置图 6-172 所示的等高外形精加工参数。

图 6-172　设置等高外形精加工参数

（6）在"曲面精修等高"对话框中单击 （确定）按钮，生成的等高外形精加工刀具路径如图 6-173 所示。

图 6-173　等高外形精加工刀具路径

（7）隐藏该等高外形精加工刀具路径。

6.5.8　环绕等距铣削精加工

（1）在菜单栏中选择"刀路"｜"曲面精修"｜"环绕"命令。

（2）系统提示选择加工曲面。使用鼠标框选所有的曲面作为加工曲面，按〈Enter〉键确定，接着在"刀路曲面选择"对话框中单击"切削范围"选项组中的 （选择）按钮，系统弹出"串连选项"对话框，串连选取和上一精加工所需的相同边界曲线，单击"串连选项"对话框中的 （确定）按钮。

（3）在"刀路曲面选择"对话框中单击 （确定）按钮。

（4）系统弹出"曲面精修环绕等距"对话框。在"刀具参数"选项卡中，单击"从刀库选择"按钮，打开"选择刀具"对话框，从"Mill_mm.tooldb"刀具库的刀具列表中选择Φ2

的球刀，然后单击"选择刀具"对话框中的 ✓（确定）按钮。返回到"刀具参数"选项卡，为所选的该刀具设置相应的"进给速率""下刀速率""主轴转速"和"提刀速率"等。

（5）切换到"曲面参数"选项卡，设置图 6-174 所示的参数。

图 6-174 设置曲面加工参数

（6）切换到"环绕等距精修参数"选项卡，设置图 6-175 所示的环绕等距精加工参数。

图 6-175 设置环绕等距精加工参数

（7）单击 ✓（确定）按钮，系统产生所需的环绕等距精加工刀具路径。可以将该操作的刀具路径隐藏起来。

6.5.9 浅平面铣削精加工

（1）在菜单栏中选择"刀路"|"曲面精修"|"浅滩"命令。

（2）系统提示选择加工曲面。使用鼠标框选所有的曲面作为加工曲面，然后按〈Enter〉键确定。

（3）系统弹出"刀路曲面选择"对话框，直接单击 √ （确定）按钮。

（4）系统弹出"曲面精修浅滩"对话框。在"刀具参数"选项卡中选择Φ2的球刀，并自行设置相关的"进给速率""下刀速率""主轴转速"和"提刀速率"等参数。

（5）切换到"曲面参数"选项卡，设置图6-176所示的曲面加工参数。

图6-176　设置曲面加工参数

（6）切换到"浅滩精修参数"选项卡，设置图6-177所示的浅平面精加工参数。

图6-177　设置浅平面精加工参数

（7）单击"曲面精修浅滩"对话框中的 （确定）按钮，产生的浅平面精加工刀具路径如图 6-178 所示。

图 6-178　产生浅平面精加工刀具路径

（8）隐藏该浅平面精加工刀具路径。

6.5.10　交线清角精加工

（1）在菜单栏中选择"刀路"|"曲面精修"|"清角"命令。

（2）系统提示选择加工曲面。使用鼠标选择图 6-179 所示的两相交曲面作为加工曲面，按〈Enter〉键确定。

选择加工曲面

图 6-179　选择加工曲面

（3）系统弹出"刀路曲面选择"对话框，单击该对话框的"切削范围"选项组中的 （选择）按钮，并串连选择侧面下边线定义边界范围。完成后单击"刀路曲面选择"对话框中的 （确定）按钮。

（4）系统弹出"曲面精修清角"对话框。在"刀具参数"选项卡中选择Φ2 的平底刀，并自行设置相应的"进给速率""下刀速率""主轴转速"和"提刀速率"等参数。

（5）切换到"曲面参数"选项卡，设置图 6-180 所示的曲面加工参数。

图 6-180　设置曲面加工参数

（6）切换到"清角精修参数"选项卡，设置图 6-181 所示的交线清角精加工参数。

图 6-181　设置交线清角精加工参数

（7）在"曲面精修清角"对话框中单击 [√]（确定）按钮，系统生成图 6-182 所示的交线清角精加工刀具路径。

图 6-182　交线清角精加工刀具路径

（8）隐藏该操作的交线清角精加工刀具路径。

6.5.11 残料清角精加工

（1）在菜单栏中选择"刀路"|"曲面精修"|"残料"命令。

（2）系统提示选择加工曲面。使用鼠标指定两角点框选所有的曲面作为加工曲面，按〈Enter〉键确定，系统弹出"刀路曲面选择"对话框。在该对话框的"切削范围"选项组中单击 ▣（选择）按钮，以串连的方式选择侧面下边界线来定义边界范围。

（3）确定串连边界范围后，返回到"刀路曲面选择"对话框，单击 ✓（确定）按钮。

（4）系统弹出"曲面精修残料清角"对话框。在"刀具参数"选项卡中，单击"从刀库选择"按钮，打开"选择刀具"对话框，从"mill_mm.tooldb"刀具库的刀具列表中选择Φ1的球刀，然后单击"选择刀具"对话框中的 ✓（确定）按钮。返回到"曲面精修残料清角"对话框的"刀具参数"选项卡，为所选的该刀具设置相应的"进给速率""下刀速率""主轴转速"和"提刀速率"等，如图6-183所示。

图6-183 设置刀具参数

（5）切换到"曲面参数"选项卡，设置图6-184所示的参数。

（6）切换到"残料清角精修参数"选项卡，设置图6-185所示的参数。

图 6-184　设置曲面加工参数

图 6-185　设置残料清角精加工参数

（7）切换到"残料清角材料参数"选项卡，设置图 6-186 所示的参数。

图 6-186　设置残料清角的材料参数

（8）单击"曲面精修残料清角"对话框中的 （确定）按钮，系统生成的残料清角精加工刀具路径如图6-187所示。

6.5.12 实体加工模拟验证

（1）在刀路管理器的工具栏中单击 （选择全部操作）按钮，接着单击 （切换锁定操作）按钮，如图6-188所示。

图6-187 残料清角精加工刀具路径　　　　　图6-188 选择所有操作及锁定它们

（2）在刀路管理器的工具栏中单击 （验证已选择的操作）按钮，弹出"Mastercam 模拟"窗口，在功能区的"主页"选项卡中设置图6-189所示的相关选项。

图6-189 "Mastercam 模拟"窗口

（3）在"Mastercam 模拟"窗口中单击 ▶（播放）按钮，依次完成各加工操作的模拟效果，如图 6-190 所示。

a)   b)   c)

d)   e)   f)

g)   h)   i)

图 6-190 加工模拟的结果

a) 工件毛坯 b) 完成外形铣削和面铣 c) 完成平行铣削粗加工 d) 完成等高外形粗加工 e) 完成等高外形精加工
f) 完成环绕等距精加工 g) 浅平面精加工 h) 交线清角精加工 i) 残料清角精加工

为了使读者更清晰地观察和体会最终的实体切削模拟效果，请看图 6-191 所示的效果图。

图 6-191 综合加工范例完成的加工效果

（4）关闭"Mastercam 模拟"窗口。

读者可以对其中某些精加工的参数进行进一步的编辑优化，以获得更好的加工效果。

第7章 多 轴 刀 路

本章导读：

随着数控加工技术的快速发展，多轴加工数控设备也得到了普遍应用。多轴加工是指加工轴为三轴以上的加工，主要包括四轴加工和五轴加工。在现代制造中，常采用多轴加工方法来加工一些形状特别或具有复杂曲面的零件。

本章首先对多轴加工的主要知识进行简单介绍，接着通过范例的形式分别介绍旋转四轴加工、曲线五轴加工、钻孔五轴加工、沿面五轴加工、多曲面五轴加工和沿边五轴加工。

7.1 多轴加工知识概述

在 Mastercam X9 系统中，除了提供三轴或三轴以下的加工方法之外，还提供了四轴、五轴加工。通常习惯上将三轴以上的加工统称为多轴加工，如四轴加工和五轴加工。四轴加工是指在三轴的基础上增加一个回转轴，可以加工具有回转轴的零件或沿某一个轴四周需加工的零件；五轴加工相当于在三轴的基础上添加两个回转轴来加工，从原理上来讲，五轴加工可同时使五轴连续独立运动，可以加工特殊五面体和任意形状的曲面。

Mastercam X9 系统中的多轴加工功能是很强大的。在菜单栏的"刀路"菜单中选择"多轴加工"命令，将打开图 7-1 所示的"多轴刀路-曲线"对话框（由于默认的多轴刀路类型为"曲线"，那么图示对话框为"多轴刀路-曲线"对话框）。从"多轴刀路"对话框的"刀路类型"类别选项页中，可以看到 Mastercam X9 多轴刀路的类型分为"标准""线框""曲面/

图 7-1 "多轴刀路-曲线"对话框

实体""钻孔/全圆铣削""扩展应用"和"高级应用"几大类。其中，"标准"类主要包括"曲线""沿边""沿面""曲面""通道"和"旋转"；而"钻孔/全圆铣削"类则主要包括"钻孔"和"全圆铣削"两个多轴刀路。

下面以范例的形式介绍几种常见的多轴刀路。

7.2 旋转四轴加工

旋转四轴加工适合于加工具有回转特点的零件或近似于回转体的工件。CNC 机床中的第四轴可以是绕 X、Y 或 Z 轴旋转的任意一个轴，这需要根据机床配置和加工客观情况来决定。下面通过范例的形式来介绍旋转四轴加工的操作过程及相关参数设置。

7.2.1 旋转四轴加工范例说明

本旋转四轴加工范例的示意如图 7-2 所示。该范例的目的是让读者学习和掌握使用旋转四轴加工方法的思路与步骤，并掌握如何设置旋转四轴加工参数。

a)   b)

图 7-2 旋转四轴加工范例

a) 曲面模型   b) 加工模拟结果

打开随书光盘的 CH7 文件夹中的"旋转四轴加工.MCX"文件，该文件提供了设计好的曲面模型。该曲面模型比较接近于圆柱体，适合采用旋转四轴的方式加工出该曲面效果。

7.2.2 旋转四轴加工范例过程

本范例旋转四轴加工范例的具体操作步骤如下。

1. 选择机床加工系统

在菜单栏中选择"机床类型"|"铣床"|"默认"命令。

2. 设置工件毛坯

（1）在刀路管理器中展开"属性"标识，接着单击"属性"标识下的"毛坯设置"。

（2）系统弹出"机床群组属性"对话框并自动切换至"毛坯设置"选项卡。单击"边界盒"按钮，以窗选方式选择整个曲面模型并按〈Enter〉键，系统弹出"边界盒选项"对话框，从中设置图 7-3 所示的边界盒选项，单击◎（确定）按钮。

（3）在"机床群组属性"对话框的"毛坯设置"选项卡中设置图 7-4 所示的内容。

图 7-3 "边界盒"对话框

图 7-4 毛坯设置

（4）单击 ✓ （确定）按钮，完成设置的工件毛坯如图 7-5 所示。

3．创建旋转四轴加工刀具路径

（1）在菜单栏中选择"刀路"|"多轴刀路"命令。

（2）系统弹出"输入新 NC 名称"对话框，在文本框中输入"旋转四轴加工"，如图 7-6 所示，然后单击 ✓ （确定）按钮，系统弹出"多轴刀路"对话框。

图 7-5 工件毛坯

图 7-6 "输入新 NC 名称"对话框

（3）在"刀路类型"类别选项页中，单击选中"标准"按钮，接着选择 🔧 （旋转）刀路类型图标，如图 7-7 所示。

图 7-7　选择"旋转"刀路类型图标

（4）切换到"刀具"类别选项页中，单击"从刀库中选择"按钮，弹出"选择刀具"对话框，从"Mill_mm"刀库的刀具列表框中选择Φ10的球刀，单击 ✓ （确定）按钮，返回到"多轴刀路-旋转"对话框的"刀具"类别选项页，设置图 7-8 所示的刀具参数。

图 7-8　设置刀具参数

（5）切换至"共同参数"类别选项页，设置图 7-9 所示的共同参数。

图 7-9　设置共同参数

（6）切换至"切削方式"类别选项页，单击 ▷ （选择曲面）按钮，在图形窗口中选择所需曲面并按〈Enter〉键，接着设置图 7-10 所示的切削方式参数。

图 7-10　设置切削方式参数

（7）切换至"刀轴控制"类别选项页，设置图 7-11 所示的刀轴控制参数和选项。

图 7-11　设置切削方式参数

（8）在"多轴刀路-旋转"对话框中单击 （确定）按钮，生成图 7-12 所示的旋转四轴刀具路径。

图 7-12　旋转四轴刀具路径

4. 实体切削仿真

（1）在刀路管理器的工具栏中单击 ☑（验证已选择的操作）按钮，打开"Mastercam 模拟"窗口。

（2）在"Mastercam 模拟"窗口的功能区"主页"选项卡中设置图 7-13 所示的选项及参数。

图 7-13　设置一些模拟选项

（3）在"Mastercam 模拟"窗口中单击 ▶（播放）按钮，从而进行实体切削加工仿真模拟，模拟的验证结果如图 7-14 所示。

图 7-14　实体切削验证结果

（4）在"Mastercam 模拟"窗口中单击 ×（关闭）按钮。

7.3　曲线五轴加工

使用曲线五轴加工，可以对 2D、3D 曲线或曲面边界产生五轴加工刀具路径，当然根据刀具轴的不同控制，除了可以生成五轴加工刀具路径之外，还可以生成三轴或四轴加工刀具路径。

7.3.1 曲线五轴加工范例说明

采用曲线五轴加工，可以加工出漂亮的图案、文字和各种线条形结构。本范例以在曲面上加工文字 D 为例（见图 7-15），介绍曲线五轴加工的基本方法及步骤。在本例中，只要求生成曲线五轴加工刀具路径，并进行刀路模拟操作。

a)   b)

图 7-15　曲线五轴加工范例

a) 曲面及文字　b) 曲线五轴加工刀具路径

7.3.2 曲线五轴加工范例过程

本曲线五轴加工范例的具体操作步骤如下。

（1）打开随书配套的"曲线五轴加工.MCX"文件（该文件位于随书光盘的 CH7 文件夹中），该文件的曲面和曲线如图 7-15a 所示，已经采用默认的铣床机床类型系统。

（2）在菜单栏中选择"刀路"|"多轴刀路"命令，系统弹出"输入新 NC 名称"对话框，输入新 NC 名称为"曲线五轴加工"，如图 7-16 所示，然后单击 ▢（确定）按钮。

（3）系统弹出"多轴刀路"对话框，接着在"刀路类型"类别选项页中选择"标准"刀路类型下的"曲线"多轴刀路类型。

（4）在"多轴刀路-曲线"对话框的左上角窗格中选择"切削方式"类别以打开该类别选项页，接着在该类别选项页中从"曲线类型"下拉列表框中选择"3D 曲线"选项，单击 ▢（选择）按钮，弹出"串连选项"对话框。默认单击选中 ▢（串连）按钮，选择图 7-17 所示的串连文字曲线，按〈Enter〉键以确认，系统返回到"多轴刀路-曲线"对话框。

图 7-16　"输入新 NC 名称"对话框

图 7-17　选择串连曲线

（5）在"切削方式"类别选项页，设置图 7-18 所示的切削方式参数。

图 7-18　设置切削方式参数

（6）切换至"刀轴控制"类别选项页，从"刀轴控制"下拉列表框中选择"曲面"选项，单击 （选择）按钮，接着使用鼠标选择图 7-19 所示的一个曲面作为刀轴曲面，然后按〈Enter〉键。

图 7-19　选择刀轴曲面

（7）在"刀轴控制"类别选项页中设置图 7-20 所示的刀轴选项及其参数。

（8）切换至"碰撞控制"类别选项页，设置图 7-21 所示的刀尖控制和过切处理等参数。

（9）切换至"刀具"类别选项页，单击"从刀库中选择"按钮，弹出"选择刀具"对话框，从"Mill_mm"刀库的刀具列表中选择 Φ3 的球刀，如图 7-22 所示，然后单击 　　（确定）按钮，结束刀具选择。

图 7-20 设置刀轴控制选项及其参数

图 7-21 设置碰撞控制参数

图 7-22 选择刀具

（10）在"刀具"类别选项页中设置图 7-23 所示的刀具参数。

图 7-23　设置刀具参数

（11）切换至"共同参数"类别选项页，设置图 7-24 所示的多轴加工共同参数。

图 7-24　设置多轴加工的共同参数

（12）单击"多轴刀路-曲线"对话框中的 ☑ （确定）按钮。生成图 7-25 所示的曲线五轴加工刀路。

（13）在刀路操作管理器中单击 ≋ （模拟已选择的操作）按钮，打开图 7-26 所示的"路径模拟"对话框。

图 7-25　生成曲线五轴加工刀路

图 7-26　"路径模拟"对话框

（14）在"路径模拟"对话框设置好相关选项，并在其相应的播放操作栏中设置相关参数，然后单击播放操作栏中的 ▶（开始）按钮，系统开始刀路模拟，图 7-27 为刀路模拟过程中的其中一个截图。在"路径模拟"对话框中单击 √（确定）按钮。

图 7-27　刀路模拟的过程截图

7.4　钻孔五轴加工

钻孔五轴加工很实用，它用于在曲面上进行钻孔加工，能够加工出方向不同的斜孔。根据刀具轴的控制不同，可以产生三轴、四轴或五轴的钻孔刀具路径。

7.4.1　钻孔五轴加工范例说明

本范例的目标是采用钻孔五轴方式对图 7-28a 所示的实体模型进行多个方位不同的孔的加工，孔的刀具轴方向为曲面在钻孔点的法向，加工孔的直径为10；完成该钻孔五轴加工模拟得到的零件效果如图 7-28b 所示。本范例所需的素材由随书配套的"钻孔五轴加工.MCX"文件（位于随书光盘的 CH7 文件夹中）提供。根据范例要求及加工零件的特点等因素，拟采用　10 的钻孔刀。通过该范例学习，读者应该要掌握生成钻孔五轴加工刀具路径的一般方法及步骤。

a)   b)

图 7-28   钻孔五轴加工范例

a) 实体模型及点   b) 钻孔五轴加工模拟结果

7.4.2   钻孔五轴加工范例过程

1. 选择机床加工系统

在菜单栏中选择"机床类型"|"铣床"|"默认"命令。

2. 设置工件毛坯

（1）在刀路管理器中展开"属性"标识，接着单击"属性"标识下的"毛坯设置"。

（2）系统弹出"机床群组属性"对话框并自动切换至"毛坯设置"选项卡。在"形状"选项组中选择"实体"单选按钮，如图 7-29 所示。

图 7-29   毛坯材料设置

（3）在"形状"选项组中单击 🔖 （选择）按钮，在绘图区单击已有实体，返回到"机床群组属性"对话框。

（4）在"机床群组属性"对话框中单击 ✓ （确定）按钮，完成毛坯工件设置。

3．生成钻孔五轴加工刀具路径

（1）在菜单栏中选择"刀路"|"多轴刀具"命令，系统弹出图 7-30 所示的"输入新 NC 名称"对话框，接受默认的新 NC 名称，单击 ✓ （确定）按钮。

图 7-30 "输入新 NC 名称"对话框

（2）系统弹出"多轴刀路"对话框，在"刀路类型"类别选项页中单击"钻孔/全圆铣削"按钮，接着选择"钻孔"刀路类型，如图 7-31 所示。

图 7-31 选择"钻孔"刀路类型

（3）切换到"刀具"类别选项页，在刀具列表框中右击，如图 7-32 所示，接着在该右键快捷菜单中选择"刀具管理"命令。

图 7-32 对刀具列表使用右键快捷命令

（4）系统弹出"刀具管理"对话框。从"Mill_mm"刀库中选择Φ10 的钻孔刀，单击 ⬆ （将选择的刀库刀具复制到机床群组）按钮，此时"刀具管理"对话框如图 7-33 所示，然后

单击该对话框中的 [✓] （确定）按钮。

图 7-33 "刀具管理"对话框

（5）在"多轴刀路-钻孔"对话框的"刀具"类别选项页中设置图 7-34 所示的刀具参数。

图 7-34 设置刀具参数

（6）切换至"切削方式"类别选项页，从"图形类型"下拉列表框中选择"点"选项，

单击 （选择点）按钮，系统弹出图 7-35 所示的"选择钻孔位置"对话框，单击"窗选"按钮，以窗选的方式选择图 7-36 所示的窗口内的所有点。

图 7-35 "选择钻孔位置"对话框

图 7-36 窗选钻孔点位置

默认的钻孔点排序如图 7-37 所示，本例可采用默认的钻孔点排序方式。读者也可以更改钻孔点的排序方式，方法是单击"选择钻孔位置"对话框中的"排序"按钮，打开图 7-38 所示的"排序"对话框，该对话框提供了"2D 排序""旋转排序"和"交叉断面排序"3 个选项卡，利用这些选项卡设置所需的排序方式。

图 7-37 默认的钻孔点排序

图 7-38 "排序"对话框

（7）在"选择钻孔位置"对话框中单击 ✓ （确定）按钮，返回到"多轴刀路-钻孔"对话框的"切削方式"类别选项页，从"循环方式"下拉列表框中选择"深孔啄钻（G83）"选项，如图 7-39 所示。

图 7-39　设置多轴钻孔切削方式

（8）在"多轴刀路-钻孔"对话框中切换至"刀轴控制"类别选项页，从"刀轴控制"下拉列表框中选择"曲面"选项，接着单击 🗘 （选择）按钮，选择图 7-40 所示的球面作为刀轴曲面，按〈Enter〉键确定，系统返回到"多轴刀路-钻孔"对话框的"刀轴控制"类别选项页，然后从"输出方式"下拉列表框中选择"5 轴"选项，如图 7-41 所示。

图 7-40　选择刀轴曲面　　　　　　　　图 7-41　设置刀轴控制选项

（9）切换至"碰撞控制"类别选项页，从"刀尖控制"选项组中选择"原始点"单选按钮，勾选"刀尖补正"复选框，并设置刀尖补正的相应参数，如图 7-42 所示。注意：在本例中，亦可以不启用刀尖补正功能。

图 7-42　设置碰撞控制参数

（10）切换至"共同参数"类别选项页，从中设置图 7-43 所示的共同参数，注意"深度"设置为-22。

图 7-43　设置多轴钻孔共同参数

（11）在"多轴刀路-钻孔"对话框中单击 <u>✓</u> （确定）按钮，生成的钻孔五轴加工刀具路径如图 7-44 所示。

4．生成钻孔五轴加工刀具路径

（1）在刀路管理器的工具栏中单击 （验证已选择的操作）按钮，打开"Mastercam 模拟"窗口。

（2）在"Mastercam 模拟"窗口的功能区"主页"选项卡中自行设置相关的选项。

（3）在"Mastercam 模拟"窗口中单击 （播放）按钮，从而进行实体切削加工仿真模拟，模拟的验证结果如图 7-45 所示。

图 7-44　钻孔五轴加工刀具路径

图 7-45　钻孔五轴加工模拟

（4）关闭"Mastercam 模拟"窗口。

7.5　沿面五轴加工

使用"沿面五轴加工"可以顺着曲面产生五轴加工刀具路径，加工出来的曲面质量较好，在实际生产中应用较为广泛。

7.5.1　沿面五轴加工范例说明

本范例以加工图 7-46a 所示的玩具轿车曲面模型中的前面视窗曲面为例，创建图 7-46b 所示的沿面五轴加工刀具路径（这里仅供参考）。

a)　　　　　　　　　　　　　　　　b)

图 7-46　沿面五轴加工范例

a) 玩具轿车曲面模型　b) 沿面五轴加工刀具路径（参考）

本范例采用Φ10 的球刀，注意相关参数的设置含义。

7.5.2 沿面五轴加工范例说明

沿面五轴加工范例的具体操作步骤如下。

（1）在菜单栏中选择"文件"|"打开"命令，系统弹出"打开"对话框，选择光盘中 CH7 文件夹目录下的"沿面五轴加工.MCX"，单击"打开"按钮。该文件中的已有曲面模型如图 7-47 所示。

图 7-47 已有的玩具轿车车身曲面模型

（2）在菜单栏中选择"刀路"|"多轴刀路"命令，系统弹出"输入新 NC 名称"对话框，接受默认的新 NC 名称，单击 （确定）按钮，系统弹出"多轴刀路"对话框。

（3）切换至"刀路类型"类别选项页，在"计算建立在"选项组中单击选中"标准"按钮，接着选择"沿面"刀路类型，如图 7-48 所示。此时，可以发现对话框的标题多了"沿面"两字，即对话框的标题变为"多轴刀路-沿面"。

图 7-48 选择"沿面"刀路类型

（4）在"多轴刀路-沿面"对话框中切换至"刀具"类别选项页，单击"从刀库中选择"按钮，弹出"选择刀具"对话框，从"Mill_mm"刀库的刀具列表中选择Φ10 的一把球刀，单击 （确定）按钮返回到"多轴刀路-沿面"对话框的"刀具"类别选项页，并设置相应的刀具参数，如图 7-49 所示。

图 7-49　设置相应的刀具参数

（5）切换至"切削方式"类别选项页，在"曲面"选项组中单击 ▷（选择）按钮，使用鼠标光标选择图 7-50 所示的两片曲面，按〈Enter〉键确定，系统弹出"曲面流线设置"对话框，并且在所选曲面上显示曲面流线，如图 7-51 所示。如果需要，可以利用"曲面流线设置"对话框中的方向切换按钮来重新进行曲面流线设置。满意后单击"曲面流线设置"对话框中的 √（确定）按钮。

图 7-50　选择刀具曲面　　　　　　　图 7-51　曲面流线设置

（6）在"多轴刀路-沿面"对话框的"切削方式"类别选项页中设置图 7-52 所示的参数。

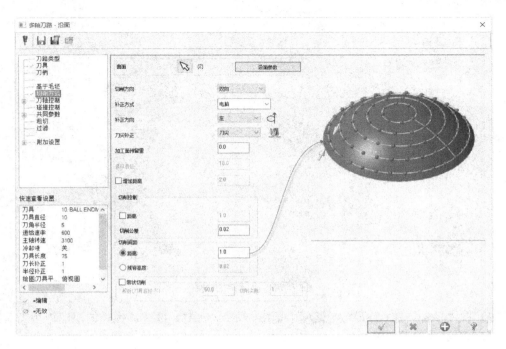

图 7-52 设置切削方式参数

（7）切换至"刀轴控制"类别选项页，从"刀轴控制"下拉列表框中选择"曲面"选项，从"输出方式"下拉列表框中选择"5 轴"选项，并设置其他相应的选项和参数，如图 7-53 所示。

图 7-53 设置刀轴控制选项和参数

（8）切换至"碰撞控制"类别选项页，接受默认的刀尖控制和干涉曲面设置。接着切换至"共同参数"类别选项页，设置图 7-54 所示的共同参数。另外，读者还可以尝试自行对"粗切"类别进行参数设置。

图 7-54　设置共同参数

（9）在"多轴刀路-沿面"对话框中单击 ✓ （确定）按钮，生成的沿面五轴刀具路径如图 7-55 所示（参考刀路）。

图 7-55　生成沿面五轴刀具路径

7.6　多曲面五轴加工

"多曲面五轴加工"功能用于在一系列的曲面或实体上产生刀具路径，适用于复杂、质量高且精度要求高的加工场合。根据刀具轴的不同控制，使用该功能可以生成四轴或五轴多曲面多轴加工刀具路径。

7.6.1 多曲面五轴加工范例说明

本范例要求对一个多曲面执行多曲面五轴加工，该多曲面如图 7-56a 所示，生成多曲面五轴加工刀具路径后的加工模拟效果如图 7-56b 所示。

a)   b)

图 7-56　多曲面五轴加工范例

a) 要加工的多曲面　b) 多曲面五轴加工模拟

首先在菜单栏中选择"文件"|"打开"命令，系统弹出"打开"对话框，选择光盘中 CH7 文件夹目录下的"多曲面五轴加工.MCX"，单击"打开"按钮。该文件中已经提供了加工所需的曲面模型，本例采用默认的铣床机床加工系统。

7.6.2 多曲面五轴加工范例过程

1. 设置工件毛坯

（1）在刀路管理器中展开"属性"标识，接着单击"属性"标识下的"毛坯设置"。

（2）系统弹出"机床群组属性"对话框并自动切换至"毛坯设置"选项卡。在"形状"选项组中选择"圆柱体"单选按钮，并选择"Z"单选按钮定义圆柱体的中心轴，然后单击"所有曲面"按钮，此时系统给出圆柱体的外形尺寸，如图 7-57 所示。

（3）在"机床群组属性"对话框中单击 ▢ （确定）按钮，设置的圆柱体工件毛坯如图 7-58 所示。

2. 创建多曲面五轴加工刀具路径

（1）在菜单栏中选择"刀路"|"多轴刀具"命令，系统弹出图 7-59 所示的"输入新 NC 名称"对话框，指定新 NC 名称后，单击 ▢ （确定）按钮。

（2）系统弹出"多轴刀路"对话框，在"刀路类型"类别选项页中确保选中"标准"选项，接着选择"曲面"刀路类型，如图 7-60 所示。此时，对话框的标题显示为"多轴刀路-曲面"。

图 7-57　设置工件形状及尺寸

图 7-58　设置圆柱体形状的工件毛坯

图 7-59　"输入新 NC 名称"对话框

图 7-60　选择"曲面"刀路类型（多轴）

（3）切换至"刀具"类别选项页，单击"从刀库中选择"按钮，打开"选择刀具"对话框，从"Mill_mm"刀库的列表中选择Φ10 的球刀，单击"选择刀具"对话框中的 （确定）按钮。接着在"刀具"类别选项页中设置图 7-61 所示的刀具参数。

图 7-61　设置刀具参数

（4）切换至"切削方式"类别选项页，从"模型选项"下拉列表框中选择"曲面"选项，接着单击 按钮，选择图 7-62 所示的曲面，按〈Enter〉键。系统弹出"曲面流线设置"对话框，如图 7-63 所示，直接单击 （确定）按钮。

图 7-62　选择曲面

图 7-63　曲面流线设置

（5）在"切削方式"类别选项页继续设置"切削方向""补正方式""补正方向""刀尖补正""加工面预留量""切削公差""截断方向步进量"和"引导方向步进量"等，如图 7-64 所示。

（6）切换至"刀轴控制"类别选项页，从"刀轴控制"下拉列表框中选择"曲面"

选项，从"输出方式"下拉列表框中选择"5 轴"选项，从"轴旋转于"下拉列表框中默认选择"Z 轴"，以及设置其他参数，如图 7-65 所示，然后单击 （应用）按钮。

图 7-64　设置切削方式参数

图 7-65　设置刀轴控制参数

（7）切换至"共同参数"类别选项页，设置图 7-66 所示的共同参数。

（8）切换至"粗切"类别选项页，取消勾选"深度分层切削"复选框。

（9）单击 ✔ （确定）按钮，产生的多曲面五轴加工刀具路径如图 7-67 所示。

图 7-66　设置共同参数

图 7-67　多曲面五轴加工刀具路径

3．实体切削仿真

（1）在刀路管理器的工具栏中单击 （验证已选择的操作）按钮，打开"Mastercam 模拟"窗口。

（2）在"Mastercam 模拟"窗口功能区的"主页"选项卡中，在"可见的"面板中勾选"刀具""毛坯""夹具"复选框，在"焦距"复选框中勾选"多个工件"复选框，设置精度和速度滑块位置，如图 7-68 所示。

（3）在"Mastercam 模拟"窗口中单击 （播放）按钮，按照模拟刀路后的效果如图 7-69 所示。

（4）在"Mastercam 模拟"窗口中切换至功能区的"验证"选项卡，接着在"分析"面板中单击选中 （保留碎片）按钮，然后在模拟窗口中单击要保留的工件材料，最后的验证结果如图 7-70 所示。

（5）关闭"Mastercam 模拟"窗口。

图 7-68 "Mastercam 模拟"窗口

图 7-69 实体切削验证效果 1

图 7-70 保留所需材料后的验证效果

7.7 沿边五轴加工

使用"沿边五轴加工",可以利用刀具的侧刃顺着工件侧壁来铣削。根据控制刀具轴的不同方式,使用该加工方法可以产生四轴或五轴侧壁铣削加工刀具路径。

7.7.1 沿边五轴加工范例说明

本范例采用沿边五轴加工方法对图 7-71a 所示的曲面模型的四周面进行加工,其最后产生的刀具路径如图 7-71b 所示。本范例采用Φ10 的球刀,注意相关参数的设置含义。

a)   b)

图 7-71   沿边五轴加工范例
a) 曲面模型   b) 产生的刀具路径

7.7.2 沿边五轴加工范例过程

（1）在菜单栏中选择"文件"|"打开"命令，系统弹出"打开"对话框，选择随书光盘的 CH7 文件夹目录下的"沿边五轴加工.MCX"，单击"打开"按钮。

（2）在菜单栏中选择"刀具路径"|"多轴刀路"，系统弹出"输入新 NC 名称"对话框，接受默认的名称，单击 ✓ （确定）按钮，系统弹出"多轴刀路"对话框。

（3）在"刀路类型"类别选项页中确保选中"标准"按钮，接着选择"沿边"图标选项 ❧。

（4）在"多轴刀路-沿边"对话框中切换至"切削方式"类别选项页，在"壁边"选项组中选择"曲面"单项按钮，单击 ▷ （选择曲面）按钮，使用鼠标单击的方式依次选择图 7-72 所示的壁边曲面，直到选择所有的壁边曲面，按〈Enter〉键确定。选择图 7-73 所示的鼠标所指的一个曲面作为第一曲面。

图 7-72   选择壁边曲面   图 7-73   指定第一曲面

（5）选择第一个低轨迹（侧壁下边线，注意选择位置），如图 7-74 所示。系统弹出"设置边界方向"对话框，如图 7-75 所示，单击 ✓ （确定）按钮。

图 7-74   选择第一个低的轨迹   图 7-75   "设置边界方向"对话框

（6）返回到"多轴刀路-沿边"对话框的"切削方式"类别选项页，设置图 7-76 所示的参数。

图 7-76　设置切削方式参数

（7）切换至"刀轴控制"类别选项页，设置图 7-77 所示的刀轴控制参数。

图 7-77　设置刀轴控制参数

（8）切换至"碰撞控制"类别选项页，设置图 7-78 所示的碰撞控制参数。
（9）切换至"共同参数"类别选项页，设置图 7-79 所示的共同参数。

图 7-78 设置碰撞控制参数

图 7-79 设置共同参数

（10）切换至"刀具"类别选项页，单击"从刀库中选择"按钮，弹出"选择刀具"对话框，从"Mill_mm"刀库中选择Φ10 的球刀，单击 ✔ （确定）按钮，并设置图 7-80 所示的参数。然后单击 ⊕ （应用）按钮。

（11）切换至"粗切"类别选项页，设置图 7-81 所示的粗切参数。

图 7-80　设置刀具参数

图 7-81　设置粗切参数

（12）切换至"共同参数"|"进/退刀"类别选项页，设置图 7-82 所示的进/退刀参数。

（13）在"多轴刀路-沿边"对话框中单击 ☑（确定）按钮，生成图 7-83 所示的刀路。

图 7-82 设置进/退刀参数

图 7-83 创建沿边五轴刀路

（14）在刀路操作管理器中单击 ≋（模拟已选择的操作）按钮，打开图 7-84 所示的"路径模拟"对话框。在"刀路模拟"对话框设置好相关选项，以及在其相应的播放操作栏中设置相关参数后，单击播放操作栏中的 ▶（开始）按钮，系统开始刀路模拟，图 7-85 所示为刀路模拟过程中的其中一个截图。

图 7-84 "路径模拟"对话框及播放操作栏

图 7-85 刀路模拟的一个截图

在本章的最后，有必要提醒一下初学者注意这样的操作经验：如果需要对某个多轴刀路参数进行修改，那么可以在刀路管理器中单击该多轴刀路下的"参数"节点以打开相应的"多轴刀路"对话框，从中进行相应的设置即可。修改刀路参数后，需要在刀路管理器中单击 ▮▶（重建全部已选择的操作）按钮以重建当前处于选择状态的刀路。

第 8 章 车 削 加 工

本章导读：

　　通常使用数控车床来加工轴类、盘类等回转体零件。在数控车床上可以进行多种典型的车削加工，如轮廓车削、端面车削、切槽、钻孔、镗孔、车螺纹、倒角、滚花、攻螺纹和切断工件等。

　　本章首先对车削加工知识进行介绍，然后通过 3 个典型的综合范例来介绍相关车削加工的应用，这些范例兼顾了车削基础知识、应用知识和操作技巧等。

8.1　车削加工知识概述

　　数控车床在机械加工中应用广泛，它具有加工精度高、可自动变速等特点。数控车床的车削特点表现在于：工件的旋转是主运动，刀架的移动是进给运动，工件与刀具之间产生的相对运动使刀具车削工件。因此，数控车床主要被用来加工回转体零件，包括表面粗糙度和尺寸精度要求较高的回转体零件和带特殊螺纹的回转体零件等。

　　典型的车削加工操作包括轮廓车削、端面车削、切槽、钻孔、镗孔、车螺纹、倒角、滚花、攻螺纹和切断工件等。

　　在 Mastercam X9 系统中，从菜单栏中选择"机床类型"|"车床"|"默认"命令，可采用默认的车床加工系统。指定车床加工系统后，打开菜单栏的"刀路"菜单，可以发现该菜单中的命令如图 8-1 所示。这些命令需要读者认真掌握，本书将其中一些常用的车削刀路命令融入车削综合范例中介绍。

图 8-1　默认车床模块下的"刀路"菜单

8.2　车削综合范例 1

　　本范例以图 8-2 所示的零件为例，介绍如何使用 Mastercam X9 的车削功能来进行加工，使读者了解和掌握 Mastercam X9 的工件毛坯设置、车端面、粗车、精车和钻孔等方法，在本例中注意特定构图面（绘图面）的设定。

图 8-2　要通过车削加工得到的零件

本车削综合范例的具体操作步骤如下。

8.2.1　绘制加工轮廓线

（1）在 Mastercam X9 绘图区域底部的属性栏中单击"平面（绘图面和刀具面"，滑出一个菜单，从该滑出菜单中选择"车床半径" |"+X+Z（WCS）"命令，如图 8-3 所示。

图 8-3　设置构图面

（2）在属性栏中设置构图深度 Z 为 0，线框颜色为 12 号的红颜色，线型为中心线，图层（层别）为 1。

（3）绘制中心线。

在菜单栏中选择"绘图" |"绘线" |"任意线"命令，或者在"绘图"工具栏中单击 ／ （任意线）按钮，系统弹出"直线"操作栏。

在"自动抓点"操作栏中单击 ⚡ （快速绘点）按钮，接着在坐标文本框中输入"0,-5"（即表示 X=0,Z=-5），按〈Enter〉键确认。

图 8-4 利用"自动抓点"操作栏快速绘点

在"直线"操作栏中设置直线段的长度和角度，如图 8-5 所示。

图 8-5 "直线"操作栏

然后单击 （确定）按钮，绘制好该中心线，如图 8-6 所示。

俯视图

图 8-6 绘制中心线

（4）将当前图层设置为 2，将线框颜色设置为黑色，线型为实线，线宽适当粗一些。

（5）绘制用于车削的轮廓线。

在"绘图"菜单中选择"绘线"｜"任意线"命令，或者在"绘图"工具栏中单击 （任意线）按钮，系统弹出"直线"操作栏。

在"直线"操作栏中选中 （连续线）按钮，接着在"自动抓点"操作栏中单击 （快速绘点）按钮，或者直接按空格键，然后在出现的坐标文本框中输入"0,0"并按〈Enter〉键确认。使用同样的坐标输入方式，依次指定其他点的坐标（X,Z）来绘制连续的直线，其他点的坐标依次为（80,0）、（80,60）、（60,80）、（60,120）、（50,120）、（50,160）、（40,180）和（0,180），绘制的连续轮廓线如图 8-7 所示。单击"直线"操作栏中的 （完成）按钮。

图 8-7 绘制外轮廓线

在"绘图"菜单中选择"绘线"｜"任意线"命令，或者在"绘图"工具栏中单击 （任意线）按钮，系统弹出"直线"操作栏。在"直线"操作栏中单击选中 （连续线）按钮，绘制图 8-8 所示的内孔轮廓线。绘制好后单击 （完成）按钮。

图 8-8 绘制内孔轮廓线

8.2.2 选择机床系统

在菜单栏中选择"机床类型"|"车床"|"默认"命令。此时，可以在属性栏中单击"平面（绘图面和刀具面）"标签并从弹出的菜单中选择"车床半径"|"+X+Z（WCS）"命令。

8.2.3 设置工件素材

（1）在刀路管理器中，单击机床群组"属性"标识下的"毛坯设置"，系统弹出"机床群组属性"对话框并自动切换到"毛坯设置"选项卡，如图 8-9 所示。

图 8-9 "机床群组属性"对话框

（2）在"毛坯"选项组中选择"左侧主轴"单选按钮，单击"参数"按钮，系统弹出图 8-10 所示的"机床组件管理-毛坯"对话框。

图 8-10 "机床组件管理-毛坯"对话框

（3）从"图形"选项卡的"图形"下拉列表框中选择"圆柱体"，接着单击"由两点产生"按钮，在提示下依次指定点 A（X=82，Z=-39,Y=0）和点 B（X=0,Z=182,Y=0）来定义工件外形，然后在"机床组件管理-毛坯"对话框中单击 ✓ （确定）按钮。

（4）返回到"机床群组属性"对话框，在"毛坯设置"选项卡的"夹爪设置"选项组中选择"左侧主轴"单选按钮，接着单击该选项组中的"参数"按钮，系统弹出"机床组件管理-卡盘"对话框。勾选"依照毛坯"复选框和"夹在最大直径处"复选框，设置的其他参数如图 8-11 所示。

图 8-11 机床组件夹爪的设定

（5）在"机床组件管理-卡盘"对话框中单击 （确定）按钮。在"机床群组属性"
对话框的"毛坯设置"选项卡中设置图 8-12 所示的显示选项，然后单击该对话框中的
（确定）按钮。完成设置的工件毛坯和卡爪（卡盘）显示如图 8-13 所示。

图 8-12　设置显示选项

图 8-13　设置的工件毛坯与卡爪（卡盘）

8.2.4　车端面

（1）在菜单栏中选择"刀路"|"端面"命令。

（2）系统弹出"输入新 NC 名称"对话框，输入新的 NC 名称为"车削加工综合范例
1"，单击 （确定）按钮。

（3）系统弹出"车端面"对话框。在"刀具参数"选项卡中选择 T0101 外圆车刀，并设
置图 8-14 所示的参数。

图 8-14　选择车刀和刀具参数

（4）切换至"车端面参数"选项卡，设置"预留量"为 0，以及设置车端面的其他参数，并选择"选择点"单选按钮，如图 8-15 所示。

图 8-15　设置车端面参数

（5）单击"选择点"按钮，在绘图区域分别选择图 8-16 所示的两点来定义车削端面区域。

图 8-16　指定两点定义车端面区域

（6）在"车端面"对话框中单击 ✓（确定）按钮，完成生成车端面的刀具路径。

（7）在刀路操作管理器中选择车端面操作，单击 ≈（切换显示已选择的刀路操作）按钮，从而隐藏车端面的刀具路径。

8.2.5　粗车

（1）在菜单栏中选择"刀路"|"粗车"命令。

（2）系统弹出"串连选项"对话框，单击 ⟨◯◯◯⟩（部分串连）按钮，并勾选"接续"复选框，按顺序指定加工轮廓，如图 8-17 所示。在"串连选项"对话框中单击 ✓（确定）按钮，完成粗车轮廓外形的选择。

图 8-17　指定外形轮廓

（3）系统弹出"粗车"对话框。在"刀具参数"选项卡中选择 T0101 外圆车刀，并自行设置相应的进给速率、主轴转速、最大主轴转速等。

（4）切换至"粗车参数"选项卡，设置图 8-18 所示的粗车参数。

图 8-18　设置粗车参数

（5）在"粗车"对话框中单击 ✓（确定）按钮，生成的粗车刀具路径如图 8-19 所示。

图 8-19　生成粗车刀具路径

（6）在刀路操作管理器中选择该粗车操作，单击 ≋（切换显示已选择的刀路操作）按钮，从而隐藏该粗车的刀具路径。

8.2.6　精车

（1）在菜单栏中选择"刀路"|"精车"命令。

（2）系统弹出"串连选项"对话框，单击 ⌀⌀（部分串连）按钮，并勾选"接续"复选框，按顺序指定加工轮廓，如图 8-20 所示。在"串连选项"对话框中单击 ✓（确定）按钮，完成精车轮廓外形的选取。

图 8-20　选择外形轮廓

（3）系统弹出"精车"对话框。在"刀具参数"选项卡中选择 T2121 精车车刀，并设置相应的进给速率、主轴转速、最大主轴转速等。

（4）切换至"精车参数"选项卡，设置图 8-21 所示的精车参数。

（5）在"精车"对话框中单击 ✓（确定）按钮，完成精车刀具路径创建。

（6）在刀路操作管理器中选择该精车操作，单击 ≋（切换显示已选择的刀路操作）按钮，从而隐藏该精车的刀具路径。

图 8-21 设置精车参数

8.2.7 钻孔与镗孔

（1）在菜单栏中选择"刀路"|"钻孔"命令。

（2）系统弹出"车削钻孔"对话框。在"刀具参数"选项卡中选择 T140140 钻孔车刀（钻孔直径为Φ40），并设置相应的进给速率、主轴转速、最大主轴转速等，如图 8-22 所示。

图 8-22 设置刀具参数

（3）切换至"深孔钻-无啄孔"选项卡，进行图 8-23 所示的参数设置。

图 8-23　在"深孔钻-无啄孔"选项卡中进行设置

（4）在"车削钻孔"对话框中单击 [✓] （确定）按钮，创建的钻孔刀具路径如图 8-24 所示。

图 8-24　创建钻孔刀具路径

（5）在菜单栏中选择"刀路"|"精车"命令。系统弹出"串连选项"对话框，单击 [▦] （部分串连）按钮，并勾选"接续"复选框，按顺序指定加工轮廓，如图 8-25 所示。在"串连选项"对话框中单击 [✓] （确定）按钮。

图 8-25　指定加工轮廓

（6）系统弹出"精车"对话框，在"刀具参数"选项卡中选择 T8181 刀具，并设置相应的参数，如图 8-26 所示。

图 8-26 设置刀具参数

（7）切换至"精车参数"选项卡，设置图 8-27 所示的精车参数。

（8）在"精车"对话框中单击 （确定）按钮。

图 8-27 设置小径精车参数

8.2.8 车削加工验证模拟

（1）在刀路操作管理器中单击 （选择全部操作）按钮，从而选择所有的加工操作。

（2）在刀路操作管理器中单击 （验证已选择的操作）按钮，系统弹出"Mastercam 模拟"窗口，在功能区"主页"选项卡的"可见的"面板中勾选"刀具""夹具"和"毛坯"复选框，在"焦距"面板中单击选中 （多个工件）按钮，并调整精度滑块和速度滑块的位置。还可以在"回放"面板单击 （停止条件）图标选项旁的 （下三角）按钮并接着从弹出的下拉菜单中选择"碰撞时"选项。

（3）单击 （播放）按钮，系统开始加工模拟。这里只给出最后模拟结果，如图 8-28 所示。

图 8-28　车削加工验证的模拟结果

8.3　车削综合范例 2

本范例以图 8-29 所示的轴零件为例，介绍如何使用 Mastercam X9 的车削功能来进行加工。所应用到的车削加工包括车端面、轮廓粗车、轮廓精车、切槽（径向车削）、车螺纹和车床钻孔等。范例整体思路是按照先主后次、先粗后精的加工原则，即先车端面、进行主轮廓粗加工和精加工，再在轴工件中径向车削出退刀槽，然后车螺纹和钻孔。该范例在默认的构图面上绘制轮廓，而不是在+X+Z 面上绘制轮廓。

图 8-29　要车削加工而成的轴零件

8.3.1 设置机床类型与工件材料

（1）在工具栏中单击 □（新建）按钮，或者从菜单栏的"文件"菜单中选择"新建"命令，新建一个 Mastercam X9 文件。接着在默认的绘图面中按照已知尺寸绘制图 8-30 所示的二维图形。本书配套光盘也提供已经绘制好该二维图形的素材文件"车削综合范例 2.mcx-9"。

图 8-30　绘制二维图形

（2）在菜单栏中选择"机床类型"|"车床"|"默认"命令。

（3）在刀路操作管理器中单击当前机床群组"属性"标识下的"毛坯设置"，系统弹出"机床群组属性"对话框，并自动切换至"毛坯设置"选项卡。

（4）在"毛坯（素材）"选项组中单击"参数"按钮，系统弹出"机床组件管理-毛坯"对话框。从"图形"下拉列表框中选择"圆柱体"选项，单击"由两点产生"按钮。

系统提示"选择定义圆柱体第一点"。单击 ⁺⁑（快速绘点）按钮，在出现的坐标输入文本框中输入"0,25"，并按〈Enter〉键确认。系统提示"选择定义圆柱体第二点"，单击 ⁺⁑（快速绘点）按钮，在出现的坐标输入文本框中输入"175,0"，并按〈Enter〉键确认。

此时，"机床组件管理-毛坯"对话框如图 8-31 所示。单击 ✓（确定）按钮。

图 8-31　"机床组件管理-毛坯"对话框

（5）在"卡爪设置"选项组中选择"左侧主轴"单选按钮，单击"参数"按钮，系统弹出"机床组件管理-卡盘"对话框，从中进行图 8-32 所示的机床组件卡爪参数设置，然后单击"机床组件管理-卡盘"对话框中的 ☑ （确定）按钮。

图 8-32　机床组件卡爪的设定

（6）在"机床群组属性"对话框中单击 ☑ （确定）按钮。定义的工件外形和卡爪（夹爪）如图 8-33 所示。

图 8-33　定义工件外形和夹爪

8.3.2　车端面

（1）在菜单栏中选择"刀路"|"端面"命令。

（2）系统弹出"输入新 NC 名称"对话框，输入新 NC 名称为"轴车削加工"，然后单击 ☑ （确定）按钮。

（3）系统弹出"车端面"对话框。在"刀具参数"选项卡中选择 T3131 号车刀，并设置图 8-34 所示的参数。

图 8-34　选择车刀与刀具参数

（4）切换至"车端面参数"选项卡，设置"预留量"为 0，选择"选择点"单选按钮，如图 8-35 所示。

图 8-35　车端面参数设置

（5）单击"选择点"按钮，在绘图区域分别选择图 8-36 所示的两个点来定义车削端面区域。

图 8-36　指定两点定义车端面区域

（6）在"车端面"对话框中单击 ✓ （确定）按钮，生成车端面的刀具路径。

（7）在刀路操作管理器中选择车端面操作，单击 ≈ （切换显示已选择的刀路操作）按钮，从而隐藏车端面的刀具路径。

8.3.3　粗车主轮廓

（1）在菜单栏中选择"刀路"|"粗车"命令。

（2）系统弹出"串连选项"对话框，单击选中 ▢▢ （部分串连）按钮，并勾选"接续"复选框，按顺序选择加工轮廓，结果如图 8-37 所示。在"串连选项"对话框中单击 ✓ （确定）按钮，结束轮廓外形选取。

图 8-37　选择要粗车的轮廓外形

（3）系统弹出"粗车"对话框。在"刀具参数"选项卡中选择 T0101 外圆车刀，并自行设置进给速率、下刀速率、主轴转速和最大主轴转速等。

（4）切换到"粗车参数"选项卡，进行图 8-38 所示的粗车参数设置。

图 8-38　设置粗车参数

（5）单击"切入/切出"按钮，系统弹出"切入/切出设置"对话框。在"切入"选项卡的"进入向量"选项组中，将"固定方向"选项设置为"垂直"，如图 8-39 所示，单击
（确定）按钮。

图 8-39　设置进刀向量

（6）单击"切入参数（进刀参数）"按钮，系统弹出"车削切入参数"对话框，设置图 8-40 所示的参数，然后单击 　（确定）按钮。

图 8-40　"车削切入参数"对话框

（7）单击"粗车"对话框中的 　（确定）按钮，产生的粗车刀路如图 8-41 所示。

（8）在刀路操作管理器中选择粗车操作，单击 ≈（切换显示已选择的刀路操作）按钮，从而隐藏该粗车的刀具路径。

图 8-41　粗车刀路

8.3.4　精车主轮廓

（1）在菜单栏中选择"刀路"|"精车"命令。

（2）系统弹出"串连选项"对话框。单击选中 ▨▨（部分串连）按钮，并勾选"接续"复选框，按顺序选择加工轮廓，选择结果如图 8-42 所示。在"串连选项"对话框中单击 ✓（确定）按钮，结束轮廓外形的选取。

图 8-42　选择轮廓外形串连

（3）系统弹出"精车"对话框。在"刀具参数"选项卡中选择 T2121 车刀，并自行设置相应的进给速率、主轴转速、最大主轴转速等。

（4）切换至"精车参数"选项卡，进行图 8-43 所示的精车参数设置。

图 8-43　设置精车参数

（5）单击"切入/切出"按钮，系统弹出"切入/切出设置"对话框。在"切入"选项卡的"进入向量"选项组中，将"固定方向"选项设置为"垂直"，如图 8-44 所示，然后单击 （确定）按钮。

图 8-44　设置切入/切出向量

（6）单击"切入参数"按钮，系统弹出"车削切入参数"对话框，按照图 8-45 所示的参数进行设置，然后单击该对话框中的 （确定）按钮。

图 8-45　设置车削切入参数

（7）在"精车"对话框中单击 （确定）按钮，从而生成精车刀具路径。

（8）在刀路操作管理器中选择刚建立的精车操作，单击 ≋ （切换显示已选择的刀路操作）按钮，从而隐藏该精车的刀具路径。

8.3.5　车削退刀槽

（1）在菜单栏中选择"刀路"|"沟槽"命令。

（2）系统弹出"沟槽选项"对话框。在"定义沟槽方式"选项组中选择"3 直线"单选按钮，如图 8-46 所示，然后单击 （确定）按钮。

图 8-46 "沟槽选项"对话框

（3）系统弹出"串连选项"对话框，单击选中 ◯◯（部分串连）按钮，勾选"接续"复选框，使用鼠标在绘图区指定图 8-47 所示的串连矩形沟槽（包含三条曲线），然后单击"串连选项"对话框中的 ✔（确定）按钮。

图 8-47 选择串连矩形沟槽

（4）系统弹出"沟槽"对话框。在"刀具参数"选项卡中选择 T4141 切槽车刀，并设置"进给速率"为 0.2，"主轴转速"为 500，"最大主轴转速"为 5000，如图 8-48 所示。

图 8-48 设置刀具参数

（5）切换至"沟槽形状参数"选项卡，设置图 8-49 所示的沟槽形状参数和选项。

图 8-49 设置沟槽形状参数

（6）切换至"沟槽粗车参数"选项卡，进行图 8-50 所示的沟槽粗车参数设置。

图 8-50 设置沟槽粗车参数

（7）切换至"沟槽精车参数"选项卡，按照图 8-51 所示的径向精车参数进行设置。

（8）在"沟槽"对话框中单击 ✓ （确定）按钮，系统根据所进行的设置来生成沟槽（径向切槽）刀路。

（9）在刀路操作管理器中选择刚建立的切槽操作，单击 ≈ （切换显示已选择的刀路操作）按钮，从而隐藏该切槽操作的刀具路径。

图 8-51　设置沟槽精车参数

8.3.6　车螺纹

（1）在菜单栏中选择"刀路"|"螺纹"命令。

（2）系统弹出"车螺纹"对话框。在"刀具参数"选项卡中，选择刀号为 T9191 的螺纹车刀钻头（或其他合适的螺纹车刀钻头），并自行根据车床设备情况设置相应的主轴转速和最大主轴转速等。

（3）切换至"螺纹外形参数"选项卡，在"螺纹型式"选项组中单击"由表单计算"按钮，系统弹出"螺纹表单"对话框。在该对话框的指定螺纹表单列表中选择图 8-52 所示的螺纹规格，然后单击 ✓（确定）按钮。

图 8-52　"螺纹表单"对话框

（4）在"螺纹外形参数"选项卡中单击"起始位置"按钮，选择图 8-53 所示的右端点，接着再单击"结束位置"按钮，选择图 8-53 所示的相应交点。

图 8-53 选择螺纹的起始位置和结束位置

（5）切换至"螺纹切削参数"选项卡，按照图 8-54 所示的参数进行设置。

图 8-54 设置车螺纹参数

（6）单击"车螺纹"对话框中的 （确定）按钮，系统按照所设置的参数来产生图 8-55 所示的车螺纹刀具路径。

图 8-55 生成车螺纹刀具路径

（7）在刀路操作管理器中确保选择刚建立的车螺纹操作，单击 ≈（切换显示已选择的刀路操作）按钮，从而隐藏该车螺纹刀具路径。

8.3.7 车床钻孔

（1）在菜单栏中选择"刀路"|"钻孔"命令。

（2）系统弹出"车削钻孔"对话框。在"刀具参数"选项卡中，选择刀号为 T123123 的钻头，并设置图 8-56 所示的刀具参数。

图 8-56　设置钻孔刀具参数

（3）切换至"深孔钻-无啄孔"选项卡，设置图 8-57 所示的参数。

图 8-57　设置钻孔深度和钻孔位置等

（4）单击"钻孔位置"按钮，在绘图区选取图 8-58 所示的一点作为钻孔位置点。

（5）在"车削钻孔"对话框中单击 ✓（确定）按钮，完成车削钻孔刀路创建。

选择一点

图 8-58　指定钻孔位置

8.3.8 车削加工模拟

（1）在刀路操作管理器中单击 （选择全部操作）按钮，从而选择所有的加工操作，如图 8-59 所示。

图 8-59 选中所有的车削加工操作

（2）在刀路操作管理器中单击 （验证已选择的操作）按钮，系统弹出"Mastercam 模拟"窗口，从中进行图 8-60 所示的相关设置。

图 8-60 "Mastercam 模拟"窗口

（3）单击 （播放）按钮，系统开始加工模拟。最后得到的加工模拟结果如图 8-61 所示，然后单击"Mastercam 模拟"窗口中的 （关闭）按钮。

图 8-61 车削加工模拟的最后结果

8.4 车削综合范例 3

本范例以图 8-62 所示的零件为例，介绍如何使用 Mastercam X9 的车削功能来进行加工。该范例涉及的主要知识包括粗车、精车、径向车削（切具有锥度角的槽）等。

图 8-62 车削零件

本车削综合范例的具体操作步骤如下。

8.4.1 准备工作

在菜单栏中选择"文件"|"打开文件"命令，系统弹出"打开"对话框，选择随书光盘中 CH8 文件夹目录下的"车削加工综合范例 3.MCX"，单击"打开"按钮。该文件中的已有二维轮廓线（先不倒角）和工件毛坯如图 8-63 所示。

图 8-63 车削加工综合范例 3.MCX

读者也可以在一个新建的 Mastercam X9 文件中按照已知尺寸绘制好上述所需的二维轮廓线，采用"机床类型"|"车床"|"默认"加工系统，并设置好工件毛坯，还可以设置夹爪等参数。

8.4.2 粗车

（1）在菜单栏中选择"刀路"|"粗车"命令。

（2）系统弹出"输入新 NC 名称"对话框，输入新 NC 名称为"车削加工 3"，单击 （确定）按钮。

（3）系统弹出"串连选项"对话框。单击选中 （部分串连）按钮，并勾选"接续"复选框，按顺序选择加工轮廓，结果如图 8-64 所示。在"串连选项"对话框中单击 （确定）按钮，结束轮廓外形选取。

图 8-64 指定串连轮廓边界

（4）系统弹出"粗车"对话框，在"刀具参数"选项卡中选择 T0101 外圆车刀，并设置其相应的参数如图 8-65 所示。

图 8-65 设置粗车刀具参数

（5）在"粗车"对话框中单击"粗车参数"选项标签，打开"粗车参数"选项卡，设置图 8-66 所示的粗车参数。其中进/退刀向量和进刀参数可以由读者根据实际情况来设定。

图 8-66 设置粗车参数

（6）在"粗车"对话框中单击 ✓ （确定）按钮，系统产生图 8-67 所示的粗车刀具路径。

图 8-67　生成粗车刀具路径

8.4.3　精车

（1）在菜单栏中选择"刀路"|"精车"命令。

（2）系统弹出"串连选项"对话框。在该对话框中单击 ∞ （部分串连）按钮，并勾选"接续"复选框，接着在绘图区按顺序选择加工轮廓，选择

图 8-68　指定精车的串连外轮廓

结果如图 8-68 所示。在"串连选项"对话框中单击 ✓ （确定）按钮，结束轮廓外形的选取。

（3）系统弹出"精车"对话框。在"刀具参数"选项卡中选择 T2121 车刀，并自行设置相应的"进给速率""主轴转速""最大主轴转速"等，如图 8-69 所示。

图 8-69　设置精车的刀具参数

（4）切换至"精车参数"选项卡，设置图 8-70 所示的精车参数。

图 8-70 设置精车参数

（5）在"精车参数"选项卡上单击"切入参数"按钮，系统弹出"车削切入参数"对话框，设置图 8-71 所示的参数，然后单击"车削切入参数"对话框中的 （确定）按钮。

图 8-71 设置进刀的切削参数

（6）在"精车"对话框中单击 （确定）按钮。

此时，可以在刀路操作管理器中单击 （选择全部操作）按钮，从而选择之前的粗车和精车加工操作，再单击 （切换显示已选择的刀路操作）按钮，隐藏两者的刀具路径。

8.4.4 径向切槽 1

（1）在菜单栏中选择"刀路"|"沟槽"命令，系统弹出"沟槽选项"对话框。

（2）在"定义沟槽方式"选项组中选择"2 点"单选按钮，如图 8-72 所示。然后单击 （确定）按钮。

图 8-72　设置径向车削的沟槽选项

（3）分别选择图 8-73 所示的第一点和第二点，按〈Enter〉键确定。

图 8-73　指定两点定义切槽区

（4）系统弹出"沟槽"对话框。在"刀具参数"选项卡中选择 T4141 切槽车刀，并设置"进给速率"为 0.2，"主轴转速"为 302，"最大主轴转速"为 5000，如图 8-74 所示。

图 8-74　设定沟槽的刀具参数

（5）单击"沟槽形状参数"选项标签，从而切换至"沟槽形状参数"选项卡，设置图8-75所示的沟槽形状参数。

图8-75 设置沟槽形状参数

（6）单击左侧的"倒角"按钮，系统弹出"槽倒角"对话框，设置图8-76所示的切槽的左倒角参数，单击 （确定）按钮。单击右侧的"倒角"按钮，系统弹出"槽倒角"对话框，设置图8-77所示的切槽的右倒角参数，然后单击 （确定）按钮。

图8-76 切槽的左倒角设定

图8-77 切槽的右倒角设定

（7）单击"沟槽粗车参数"选项标签，从而切换至"沟槽粗车参数"选项卡，从中进行图8-78所示的参数设置。

图 8-78　设置沟槽粗车参数

（8）单击"沟槽精车参数"选项标签，从而切换至"沟槽精车参数"选项卡，从中设置图 8-79 所示的参数。

图 8-79　设置沟槽精车参数

（9）在"沟槽"对话框中单击 ✓ （确定）按钮，创建的该沟槽刀具路径如图8-80所示。

图8-80 生成沟槽刀具路径

8.4.5 径向切槽2

（1）在菜单栏中选择"刀路"|"沟槽"命令。

（2）系统弹出"沟槽选项"对话框，在"定义沟槽方式"选项组中选择"2 点"单选按钮，如图8-81所示，然后单击 ✓ （确定）按钮。

图8-81 设置径向车削的沟槽选项

（3）分别选择图8-82所示的第一点和第二点，按〈Enter〉键确定。

图8-82 指定两点定义沟槽

（4）系统弹出"沟槽"对话框。在"刀具参数"选项卡中选择上一切槽操作所用的切槽车刀，并设置"进给速率"为 0.2，"主轴转速"为 500，"最大主轴转速"为5000。

（5）切换到"沟槽形状参数"选项卡，设置图8-83所示的沟槽形状参数。

图 8-83　设置沟槽形状参数

（6）切换至"沟槽粗车参数"选项卡，设置图 8-84 所示的沟槽粗车参数，注意在"槽壁"选项组中选择"平滑"单选按钮。

图 8-84　设置沟槽粗车参数

（7）在"沟槽粗车参数"选项卡的"槽壁"选项组中，单击"参数"按钮，系统弹出"槽壁平滑设定"对话框，设置图 8-85 所示的壁槽平滑设定，单击 ✓（确定）按钮，完成壁槽平滑设定并返回到"沟槽"对话框。

图 8-85　槽壁平滑设定

（8）切换到"沟槽精车参数"选项卡，设置图 8-86 所示的沟槽精车参数。

图 8-86　设置沟槽精车参数

（9）单击"切入"按钮，系统弹出"切入"对话框，在"第一个路径切入"选项卡中设置图 8-87a 所示的进刀向量，在"第二个路径切入"选项卡中设置图 8-87b 所示的进刀向量。单击 ✓（确定）按钮。

图 8-87 在"切入"对话框中进行设置

a) 设置第一个路径切入的进刀向量 b) 设置第二个路径切入的进刀向量

（10）在"沟槽"对话框中单击 ✓ （确定）按钮，从而生成该车床切槽加工路径。

8.4.6 车削加工模拟

（1）设置以等角视图显示模型，接着在刀路操作管理器中单击 🐾 （选择全部操作）按钮，从而选择所有的加工操作，如图 8-88 所示。

（2）在刀路操作管理器中单击 🗐 （验证已选择的操作）按钮，系统弹出"Mastercam 模拟"窗口，接着自行设置相关的选项。

（3）在"Mastercam 模拟"窗口中单击 （播放）按钮，系统开始加工模拟。这里只给出最后模拟结果，如图 8-89 所示。

图 8-88　选中所有的车削加工操作　　　　图 8-89　加工模拟的验证结果

知识点拨：在生成刀具路径或实际验证的操作中，如果发现无法继续写入刀具路径或验证有碰撞等情况出现，可以返回去重新检查和选择合适的车刀，并在相应的选项卡中修改相关的参数，直到解决问题为止。本例可选择其他合适的槽刀。

第9章 线切割加工

本章导读：

在现代制造业中，线切割数控加工也得到了广泛应用，所述的线切割加工是在电火花加工的基础上发展起来的，常用于加工硬质合金、淬火钢模具等零件，还用于加工形状复杂的细小零件和精密零件中的窄缝等。Mastercam X9 提供了 4 种典型的线切割加工方法，包括外形线切割、自设循环切割、无屑线切割和 4 轴线切割。本章主要通过范例的形式来介绍外形线切割加工、无屑线切割加工和四轴线切割加工。

9.1 线切割加工知识概述

线切割数控加工（Wire Cut EDM，WEDM）在现代制造业中应用也较为广泛，它是线电极电火花加工的简称。

对于一些用一般切割方法难以加工或无法加工的形状复杂的工件而言，可以考虑采用线切割加工方法。线切割加工可以获得很好的尺寸精度和表面粗糙度，并且便于实现加工过程的自动化控制。采用线切割加工可以加工用一般切削方法不容易加工的金属材料和半导体材料（如硬质合金、淬火钢等），注意加工件的导电性。另外，由于线切割加工所采用的电极丝直径可以达到很细很细，故线切割加工特别适用于加工形状复杂的细小零件、窄缝等。

在 Mastercam X9 中，系统提供了一个专门的线切割模块，使用该加工模块，用户可以非常高效地编制出所需的线切割加工程序。在图 9-1 所示的"机床类型"|"线切割"级联菜单中选择"默认"命令，即可启用默认的线切割模块。此时，在"刀路"菜单中提供了图 9-2 所示的刀具路径（刀路）命令，其中包括了"外形切割""循环切割""无屑切割"和"四轴"4 种线切割加工刀具路径创建命令。

图 9-1 "机床类型"|"线切割"级联菜单

图 9-2 "刀路"菜单

- "外形切割"：用于外形线切割。外形线切割和之前介绍的外形铣削有些类似，都需要选择加工外形轮廓，并设置相应的加工参数。
- "无屑切割"：用于无屑线切割加工。它是指沿着已封闭的串连几何图形产生切割轨迹，挖除封闭几何图形内的工件材料，有些类似于数控铣削挖槽加工。
- "四轴"：四轴线切割可以用来加工那些具有倾斜轮廓面或上下异形面的零件。
- "循环切割"：其操作方法较为简单，需要选择用于一系列图素点等，而参数设置包括电极丝/电源设置、杂项变量和循环指令选定等，其参数设置方法和其他线切割的参数设置方法是一致的。

本书主要通过范例的方式，结合软件特定功能来介绍其中的外形线切割、无屑线切割和四轴线切割这 3 种典型的线切割加工方法。

9.2 外形线切割

本节重点介绍一个外形线切割的加工范例，通过范例介绍让读者深刻掌握外形线切割的设计思路和操作步骤，举一反三。

9.2.1 外形线切割加工范例说明

本范例为外形线切割加工范例，要求采用直径为 0.16 的电极丝（也称钼丝）进行线切割，单边放电间隙设置为 0.01，采用控制器补正方式，其他加工参数由读者自行设定，该外形线切割加工的效果如图 9-3 所示。

a)   b)

图 9-3　外形线切割实例

a) 加工轮廓　b) 线切割加工模拟结果

9.2.2 外形线切割加工范例过程

该外形线切割加工范例的具体操作过程如下。

1. 打开文件

在菜单栏中选择"文件"|"打开"命令，系统弹出"打开"对话框，选择光盘中 CH9 文件夹目录下的"外形线切割.MCX"，单击"打开"按钮。该文件中的已有二维图形如图 9-4 所示。

图 9-4　准备好的二维图形

2．选择机床类型

在菜单栏中选择"机床类型"|"线切割"|"默认"命令。

3．生成外形线切割刀具路径

（1）在菜单栏中选择"刀路"|"外形切割"命令，系统弹出"输入新 NC 名称"对话框。

（2）如图 9-5 所示，在"输入新 NC 名称"对话框的文本框中输入"外形线切割"，单击 ✓（确定）按钮。

（3）系统弹出"串连选项"对话框。以串连的方式选择图 9-6 所示的加工轮廓线，然后单击 ✓（确定）按钮。

图 9-5　"输入新 NC 名称"对话框

图 9-6　选择外形加工轮廓线

（4）系统弹出"线切割刀路-外形参数"对话框。线切割路径类型为"外形参数"。选择"钼丝/电源"，接着在该参数类别下取消勾选"与数据库关联"复选框，并设置"钼丝直径"为 0.16，"放电间隙"为 0.01，"预留量"为 0，如图 9-7 所示。然后单击 ⊕（应用）按钮。

图9-7　电极丝/电源设置

（5）在左上角的参数类别列表框中选择"切削参数"，并按照图 9-8 所示的参数进行设置，然后单击 （应用）按钮。

图9-8　设置外形线切割的切削参数

（6）在参数类别列表框中选择"补正"，接着设置补正类型和补正方向，并勾选"最佳化"复选框，如图9-9所示。

图 9-9 设置切削补正参数

（7）在参数类别列表框中选择"停止"，设置图 9-10 所示的参数。然后单击 （应用）按钮。

图 9-10 设置切削停止选项

（8）在参数类别列表框中选择"引导"，设置图 9-11 所示的轮廓引导参数。

图9-11 设置引导参数

（9）在参数类别列表框中选择"引导距离"，并设置图9-12所示的引导距离选项及其参数。然后单击 ⊕（应用）按钮。

图9-12 设置引导距离

（10）在参数类别列表框中选择"锥度"，可以进行锥度设置，如图 9-13 所示。在本例中取消勾选"锥度"复选框。

图 9-13　锥度设置

（11）在参数类别列表框中选择"转角"以打开"转角"类别选项页，转角设置的相关内容如图 9-14 所示。

图 9-14　转角设置

（12）在"线切割刀路-外形参数"对话框中单击 ✓（确定）按钮。系统弹出"串连管理"对话框，如图 9-15 所示，然后单击 ✓（确定）按钮，系统根据所设置的参数生成相应的外形线切割刀具路径。

图 9-15　"串连管理"对话框

（13）在菜单栏中选择"刀路"|"外形切割"命令。系统弹出"串连选项"对话框，以串连的方式选择图 9-16 所示的加工外形轮廓线，然后单击"串连选项"对话框中的 ✓ （确定）按钮。

图 9-16　选择加工轮廓线

（14）系统弹出"线切割刀路-外形参数"对话框。在该对话框中进行相关参数设置，其中，设置的引导距离如图 9-17 所示，其他参数设置和之前进行的外形线切割参数设置相同，在此不再赘述。

图 9-17　设置引导距离

（15）在"线切割刀路-外形参数"对话框中设置好相关的参数后，单击 ✓ （确定）按钮。然后在弹出的"串连管理"对话框中单击 ✓ （确定）按钮，从而完成第二外形线切割刀具路径的生成。

4．设置工件毛坯

（1）在刀路管理器中展开当前机床群组的"属性"节点，如图 9-18 所示，单击"毛坯设置"，系统弹出"机床群组属性"对话框，并自动切换至"材料设置"选项卡。

（2）在"毛坯设置"选项卡中单击"边界盒"按钮，系统提示选择图形，此时按〈Enter〉键，系统打开"边界盒"对话框，选择 "全部显示"单选按钮以选择全部图形，并设置图 9-19 所示的选项及参数。单击"边界盒"对话框中的 （确定）按钮，返回到"机床群组属性"对话框的"毛坯设置"选项卡。

图 9-18　启用毛坯材料设置

图 9-19　设置边界盒选项

（3）在"机器群组属性"对话框的"毛坯设置"选项卡中设置图 9-20 所示的参数，然后单击 　✓ （确定）按钮。

图 9-20　毛坯材料设置

（4）在"绘图视角"工具栏中单击 （等角视图）按钮，设置的工件毛坯如图 9-21 所示。

图 9-21 设置的工件毛坯

5．加工模拟验证

（1）在刀路操作管理器中单击 （选择全部操作）按钮，从而选择两次的外形线切割操作。

（2）在刀路操作管理器中单击 （验证已选择的操作）按钮，系统弹出"Mastercam 模拟"窗口。接着在"Mastercam 模拟"窗口功能区的"主页"选项卡中，确保选中"模型"面板中的 （验证）按钮，并设置可见性选项等，如图 9-22 所示。

图 9-22 "Mastercam 模拟"窗口

（3）在"Mastercam 模拟"窗口中单击 （播放）按钮，验证模拟效果如图 9-23 所示。

（4）切换至"验证"选项卡，在"分析"面板中单击 （保留碎片）按钮，如图 9-24 所示。

图 9-23 验证模拟效果

图 9-24 设置保留碎片

（5）使用鼠标在绘图区单击要保留的部分，如图 9-25 所示，保留结果如图 9-26 所示（可以返回到"主页"选项卡的"可见的"面板中取消勾选 "刀具"和"线框"复选框等，以观察显示效果）。

图 9-25 拾取要保留的部分

图 9-26 线切割后的零件

（5）在"Mastercam 模拟"窗口中单击 ✕（关闭）按钮，结束加工验证模拟操作。

9.3 无屑线切割

无屑线切割加工沿着已经封闭的串连几何图形产生相应的线切割刀具路径，以挖除封闭几何图形内的材料。从切割结果来看，无屑线切割加工与数控铣削挖槽比较类似。

9.3.1 无屑线切割加工范例说明

本范例为无屑线切割加工范例，在该范例中，要求采用直径为 0.3 的电极丝进行无屑线切割加工，其中单边放电间隙为 0.01，补正方式为控制器补正方式，穿丝点等参数自设。本范例的加工示意图如图 9-27 所示。

a) b)

图 9-27 无屑线切割加工范例

a) 串连几何图形 b) 无屑线切割加工模拟结果

9.3.2 无屑线切割加工范例过程

本无屑线切割加工范例的具体操作过程如下。

1. 打开文件

在菜单栏中选择"文件"|"打开"命令，系统弹出"打开"对话框，选择光盘中 CH9 文件夹目录下的"无屑线切割.MCX"，单击"打开"按钮。该文件中的已有二维图形如图 9-28 所示。

2. 选择机床类型

在菜单栏中选择"机床类型"|"线切割"|"默认"命令。

3. 生成无削线切割刀具路径

（1）在菜单栏中选择"刀路"|"无屑切割"命令。系统弹出"输入新 NC 名称"对话框，如图 9-29 所示，在文本框中输入"无屑线切割"，单击 ✓ （确定）按钮。

输入新 NC 名称 ✕

C:\Users\Dreamcax\Documents\my mcamx9\wire\NC\

无屑线切割

✓ ✖ ？

图 9-28 已有二维图形 　　　　图 9-29 输入新 NC 名称

（2）系统弹出"串连选项"对话框。在"串连选项"对话框中单击 ▭ （窗选）按钮，指定两个角点（点 1 和点 2）以窗口选择的方式选择图 9-30 所示的二维图形。接着在提示下单击图 9-31 所示的顶点作为搜寻点，然后单击"串连选项"对话框中的 ✓ （确定）按钮。

选择内槽串连1

图9-30　窗口选择所有二维图形

输入草绘起始点

图9-31　输入搜寻点

（3）系统弹出"线切割刀路-无屑切割"对话框，选择"钼丝/电源"，接着在该参数类别下取消勾选"与数据库关联"复选框，并设置"钼丝直径"为 0.3，"放电间隙"为 0.01，"预留量"为 0，如图 9-32 所示，然后单击 （应用）按钮。

图9-32　设置电极丝/电源

（4）在参数类别列表框中选择"引导"，设置的引导参数如图 9-33 所示，然后单击 （应用）按钮。

图 9-33　设置引导参数

（5）在参数类别列表框中选择"无屑切割"，设置图 9-34 所示的无屑切削参数，然后单击 （应用）按钮。

图 9-34　设置无屑切削参数

（6）在参数类别列表框中选择"粗切"，设置图 9-35 所示的粗切参数，注意切削方式为"依外形环切"，然后单击 （应用）按钮。

图 9-35　设置无屑切割粗切参数

（7）在参数类别列表框中选择"精修"，设置图 9-36 所示的无屑切割精加工参数，然后单击 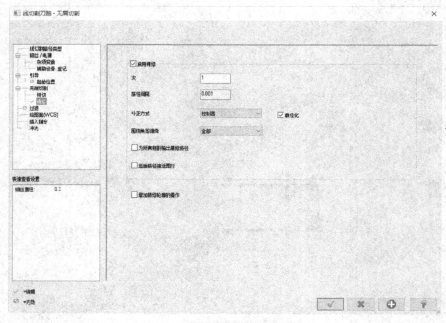（应用）按钮。

图 9-36　设置无屑切割精加工参数

（8）在"线切割刀路-无屑切割"对话框中单击 ✓ （确定）按钮，系统弹出图 9-37 所示的"线切割穿线警告"对话框。直接在"线切割穿线警告"对话框中单击 ✓ （确定）按钮，产生图 9-38 所示的无屑线切割刀具路径（以等角视图显示）

图9-37 "线切割穿线警告"对话框

图9-38 产生无屑线切割刀具路径

4. 设置工件毛坯

（1）在刀路管理器中展开当前机床群组的"属性"节点，如图 9-39 所示，单击"毛坯设置"。

图9-39 启用毛坯设置

（2）系统弹出"机床群组属性"对话框，并自动切换至"毛坯设置"选项卡。单击"所有图形"按钮，接着修改系统计算出来的工件毛坯形状尺寸，如图 9-40 所示。

图9-40 设置毛坯外形尺寸

（3）在"机床群组属性"对话框中单击 ✓ （确定）按钮，设置的工件毛坯如图 9-41 所示。

图 9-41　设置的工件毛坯

5. 加工模拟验证

（1）在刀路操作管理器中单击 ▶ （选择全部操作）按钮。

（2）在刀路操作管理器中单击 ☑ （验证已选择的操作）按钮，系统弹出"Mastercam 模拟"窗口。接着在"Mastercam 模拟"窗口功能区的"主页"选项卡中，确保选中"模型"面板中的 ✓ （验证）按钮，并设置可见性选项等，如图 9-42 所示。

图 9-42　"Mastercam 模拟"窗口

（3）在"Mastercam 模拟"窗口中单击 ▶ （播放）按钮，按照先前设置的验证模拟结果如图 9-43 所示。

图 9-43 验证模拟结果 1

（4）切换至"验证"选项卡，在"分析"面板中单击 （保留碎片）按钮，如图 9-44 所示。

图 9-44 设置保留碎片

（5）使用鼠标在绘图区单击要保留的部分，保留结果如图 9-45 所示。

图 9-45 保留结果

9.4 四轴线切割

四轴线切割可以用来加工那些具有倾斜轮廓面或上下异形面的零件。四轴线切割加工需要采用四轴（X、Y、U、V）控制的线切割机床。

9.4.1 四轴线切割加工范例说明

本范例为四轴线切割加工范例，在该范例中，要求采用直径为 0.305 的电极丝进行四轴线切割加工，其中单边放电间隙为 0.01，补正方式为控制器补正方式，穿丝点等参数自行设置。

本范例的加工示意图如图 9-46 所示。

a) b)

图 9-46　四轴线切割加工范例

a) 串连线架及工件　b) 四轴线切割加工模拟结果

本范例采用默认的线切割机床系统，已经设置好工件毛坯。

9.4.2 四轴线切割加工范例过程

该四轴线切割加工范例的具体操作过程如下。

1. 打开文件

在菜单栏中选择"文件"|"打开"命令，系统弹出"打开"对话框，选择光盘中 CH9 文件夹目录下的"四轴线切割.MCX"，单击"打开"按钮。

2. 生成四轴线切割加工刀具路径

（1）在菜单栏中选择"刀路"|"四轴"命令。

（2）系统弹出"输入新 NC 名称"对话框，输入新 NC 名称为"四轴线切割"，单击 ✓（确定）按钮。

（3）系统弹出"串连选项"对话框，单击选中 ✓（串连）按钮，系统提示"直纹加工：定义串连 1"，在该提示下定义图 9-47a 所示的串连图形 1；系统提示"直纹加工：定义串连 2"，在该提示下定义图 9-47b 所示的串连图形 2，注意两串连图形的串连起始点及其方向要一致。然后在"串连选项"对话框中单击 ✓（确定）按钮。

a) b)

图 9-47　定义两个串连

a) 定义串连 1　b) 定义串连 2

（4）系统弹出"线切割刀路-四轴"对话框。在参数类别列表框中选择"钼丝/电源"，确保取消勾选"与数据库关联"复选框，并设置"钼丝直径"为 0.305，"放电间隙"为0.01，如图 9-48 所示。

图 9-48　钼丝/电源设置

（5）在参数类别列表框中选择"切削参数"，按照图 9-49 所示进行切削参数设置。

图 9-49　切削参数设置

（6）在参数类别列表框中选择"补正"，按照图 9-50 所示进行补正参数设置。

图 9-50　补正参数设置

（7）在参数类别列表框中选择"引导"，设置图 9-51 所示的引入导线和引出导线参数。

图 9-51　引导参数设置

（8）在参数类别列表框中选择"引导距离"，按照图 9-52 所示的内容进行引导距离设置，即勾选 "引导距离（不考虑穿丝/切入点）"复选框，在"引进距离"文本框中输入距离值为 2，在"封闭的外形"选项组中选择"外"单选按钮，在"开放的外形"选项组中选择"左"单选按钮。

图 9-52　设置引导距离

（9）在参数类别列表框中选择"四轴"，设置图 9-53 所示的参数。

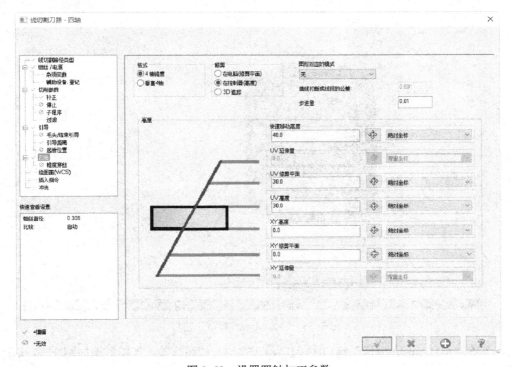

图 9-53　设置四轴加工参数

（10）在"线切割刀路–四轴"对话框中单击 ✓（确定）按钮。生成的四轴线切割刀具路径如图 9-54 所示（以等角视图显示）。

图 9-54　生成四轴线切割刀具路径

3. 加工模拟

（1）在刀路操作管理器中单击 （验证已选择的操作）按钮，系统弹出"Mastercam 模拟"窗口。

（2）接着在"Mastercam 模拟"窗口功能区的"主页"选项卡中，确保选中"模型"面板中的 （验证）按钮，并设置可见性选项等，如图 9-55 所示。

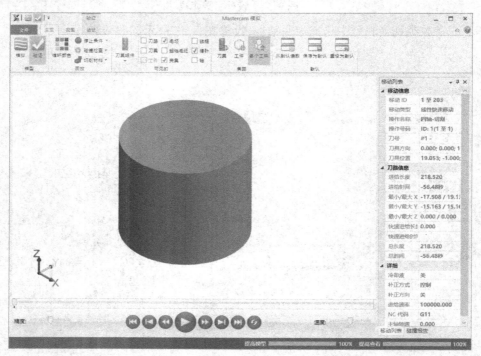

图 9-55　"Mastercam 模拟"窗口

（3）在"Mastercam 模拟"窗口中单击 （播放）按钮，验证模拟效果如图 9-56 所示。

（4）切换至"验证"选项卡，在"分析"面板中单击 （保留碎片）按钮。

（5）使用鼠标在绘图区单击要保留的部分，保留结果如图 9-57 所示。

图 9-56 验证模拟效果　　　　　　图 9-57 设置保留碎片

（6）在"Mastercam 模拟"窗口中单击 ✕（关闭）按钮。

第 10 章　FBM 铣削与 FBM 钻孔

本章导读：

　　Mastercam X9 增加了基于特征的加工技术（FBM），使用这种强大的加工方法可以使系统实现自动铣削和钻孔。通俗一点来理解，即 Mastercam 会自动根据零件特征给出最适合的加工策略，包括根据设定标准来检测实体加工特征并选择 FBM 类型，其创建的所有刀路是完全关联的，而且在创建后可以对其进行编辑。

　　本章通过典型范例的形式介绍 FBM 铣削（即基于特征铣削）和 FBM 钻孔（即基于特征钻孔）的应用方法及技巧等。本章的内容虽然不多，但是却可以扩展读者的加工思路，并使读者深刻认识到使用 Mastercam FBM 会在某种加工设计场合大大节省编程时间。

10.1　FBM 铣削

　　FBM 铣削的整个操作过程比较简单，只需使用鼠标单击若干下来执行命令并进行相关选项及参数设置即可。本节以一个典型范例来介绍 FBM 铣削加工的一般方法及步骤。

10.1.1　FBM 铣削加工范例说明

　　本范例首先要准备好图 10-1 所示的实体零件，该实体零件可以由随书配套的"FBM 铣削.MCX"文件来提供（此文件位于随书光盘的 CH10 文件中）。根据实体零件的形状特点，拟采用的工件毛坯为长方体，Z 方向稍微增加一点余量。要使用 FBM 铣削功能将工件毛坯加工成所要的实体零件效果，免不了要指定所需的机床加工系统，如指定默认的铣床加工系统，并设置相关的 FBM 铣削参数。

10.1.2　FBM 铣削加工范例过程

　　本 FBM 铣削加工范例的具体操作步骤如下。

1. 打开文件

　　在菜单栏中选择"文件"|"打开"命令，系统弹出"打开"对话框，选择光盘中 CH10 文件夹目录下的"FBM 铣削.MCX"文件，单击"打开"按钮。该文件已经准备好要加工成的实体零件作为检测对象。

2. 选择机床类型

　　在菜单栏中选择"机床类型"|"铣床"|"默认"命令。

3．设置工件毛坯

（1）在操作管理的"刀路管理器"选项卡中展开当前机床群组"属性"标识，如图 10-2 所示。

图 10-1　实体零件效果　　　　　　　图 10-2　刀路管理器

（2）单击当前机床群组"属性"标识下的"毛坯设置"标识，打开"机床群组属性"对话框。

（3）在"机床群组属性"对话框的"毛坯设置"选项卡中，从"形状"选项组中选择"立方体"单选按钮，接着单击"所有实体"按钮。

（4）分别修改高度 Z 和素材原点相应的坐标值，如图 10-3 所示。

图 10-3　设定毛坯工件形状外形尺寸和素材原点

（5）单击 （确定）按钮，完成工件毛坯设置的效果如图 10-4 所示。

图 10-4　设置好工件毛坯

4. 使用 FBM 铣削（即"基于特征铣削"）功能

（1）在菜单栏中选择"刀路"|"基于特征铣削"命令。

（2）系统弹出"基于特征刀路–铣床"对话框，在"设置"类别选项页下设置图 10-5 所示的参数。

图 10-5　设置基于特征铣削的相关参数

注意： 如果特征深度超过刀具长度，可以设置3种处理方式。可供选择的这3种处理方式是"为所有深度创建一把刀具""为每个深度创建一把刀具"和"创建刀具时长度递增为（%）"。

（3）选择"侦查特征"类别，接着在"侦查特征"类别选项页中设置图 10-6 所示的侦查特征参数。

图 10-6　设置侦查特征参数

（4）选择"面铣刀具"类别，接着在"面铣刀具"类别选项页中设置图 10-7 所示的面铣刀具参数。

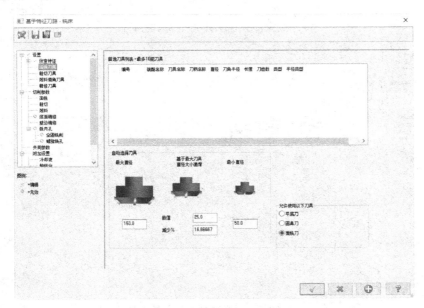

图 10-7　设置面铣刀具参数

（5）选择"粗切刀具"类别选项，接着在"粗切刀具"类别选项页中设置图 10-8 所示的粗切刀具参数。

图 10-8　设置粗铣刀具参数

（6）选择"残料清角刀具"类别选项，接受图 10-9 所示的残料清角刀具参数。

图 10-9　设置残料清角刀具参数

（7）选择"精修刀具"类别选项，接着在"精修刀具"类别选项页中设置图 10-10 所示的精修刀具参数。

图 10-10　设置精修刀具参数

（8）选择"切削参数"下的"面铣"类别，接着设置图 10-11 所示的面铣（平面加工）参数。

图 10-11　设置面铣参数

操作说明： 这里的平面加工切削方式有"动态（控制两刀间接触）""单向"和"双向"。

（9）选择"切削参数"下的"粗切"类别，在该类别选项页中设置图 10-12 所示的粗加工参数。

图 10-12 设置粗切参数

（10）使用同样的方法，设置残料加工参数，如图 10-13 所示。

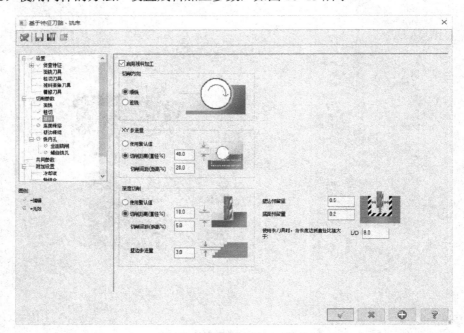

图 10-13 设置残料加工参数

（11）使用同样的方法，设置底面精修参数，即选择"底面精修"类别选项，在该类别选项页中设置图 10-14 所示的底面精修参数。

图 10-14　设置底面精修参数

（12）使用同样的方法，设置"壁边精修"参数，如图 10-15 所示。

图 10-15　设置壁边精修参数

（13）选择"共同参数"类别选项，接着在"共同参数"类别选项页中设置图 10-16 所示的共同参数。

图 10-16　设置共同参数

（14）可以根据需要继续设置其他类别的参数，满意后单击"基于特征刀路-铣床"对话框中的　　（确定）按钮。

（15）系统弹出图 10-17 所示的"输入新 NC 名称"对话框，在文本框中输入"FBM 铣削"，单击　　（确定）按钮。系统通过侦查实体特征并根据设置的参数自动计算并生成图 10-18 所示的 FBM 铣削加工刀具路径（仅供参考）。

图 10-17　"输入新 NC 名称"对话框

图 10-18　FBM 铣削刀路（仅供参考）

5. 实体切削加工模拟

（1）在刀路管理器的工具栏中单击 　 （选择全部操作）按钮，如图 10-19 所示。

（2）在刀路管理器的工具栏中单击 （验证已选择的操作）按钮，弹出"Mastercam 模拟"窗口，接着在该窗口功能区 "主页"选项卡的"模型"面板中单击 （验证）按钮，并在"可见的"面板中设置相关复选框的状态，如图10-20所示。

图10-19 选中所有的加工操作　　　　　图10-20 设置模拟验证选项

（3）在"Mastercam 模拟"窗口中单击 （播放）按钮，系统开始加工模拟验证，最后的结果如图10-21所示。

图10-21 验证结果

（4）在"Mastercam模拟"窗口中单击 （关闭）按钮。

10.2 FBM 钻孔

FBM 钻孔的整个操作过程同样比较简单，只需使用鼠标单击若干下来执行命令并进行相关选项及参数设置即可。本节以一个典型范例来介绍 FBM 钻孔加工的一般方法及步骤。

10.2.1 FBM 钻孔加工范例说明

本范例首先要准备好一个实体零件，该实体零件的一个平面视图（俯视图）如图 10-22 所示，其厚度为 25，要求加工的孔均为通孔。读者可以根据相关尺寸创建该零件的三维实体模型，也可以打开随书配套的"FBM 钻孔.MCX"文件（此文件位于随书光盘的 CH10 文件中）来获得所需的实体零件。根据实体零件的形状特点，拟采用的工件毛坯为圆柱体。

图 10-22　实体零件的俯视图

在执行 FBM 钻孔的操作过程中，可以设置钻孔点的排序方式等参数。实体中哪些孔需要钻削，可由系统根据设定标准来自动判断。

10.2.2 FBM 钻孔加工范例过程

本 FBM 钻孔加工范例的具体操作步骤如下。

1．打开文件

在菜单栏中选择"文件"|"打开"命令，系统弹出"打开"对话框，选择光盘中 CH10 文件夹目录下的"FBM 钻孔.MCX"文件，单击"打开"按钮。该文件已经准备好要加工成的实体零件作为检测对象，如图 10-23 所示。

2．选择机床类型

在菜单栏中选择"机床类型"|"铣床"|"默认"命令。

3. 设置工件毛坯

（1）在操作管理的"刀路管理器"选项卡中，展开当前机器群组"属性"标识，如图10-24所示。

图10-23 "FBM钻孔.MCX"文件中的实体　　　图10-24 刀路管理器

（2）单击当前机器群组"属性"标识下的"毛坯设置"标识，打开"机床群组属性"对话框。

（3）在"机床群组属性"对话框的"毛坯设置"选项卡中，从"形状"选项组中选择"圆柱体"单选按钮，并选择"Z"单选按钮，然后单击"所有实体"按钮，如图10-25所示。

图10-25 材料设置

（4）单击 [✓]（确定）按钮，完成工件毛坯的设置。

4．使用基于特征钻孔（即 FBM 钻孔）功能

（1）在菜单栏中选择"刀路"基于特征钻孔"命令，系统弹出"基于特征刀路-钻孔"对话框。

（2）选择"设置"类别选项，接着在该类别选项页中勾选"自动检测起始孔"复选框，从"分类"下拉列表框中选择"无"选项，如图 10-26 所示。

图 10-26　启动自动检测起始孔功能

（3）在"设置"类别选项页的"排序方式"选项组中，单击"排序"图标按钮，系统弹出"2D 排序"对话框，选择图 10-27 所示的排序方式，然后单击 [✓]（确定）按钮。

图 10-27　设置 2D 排序

（4）选择"侦查孔"类别选项，接着在"侦查孔"类别选项页中设置图 10-28 所示的选项及参数。

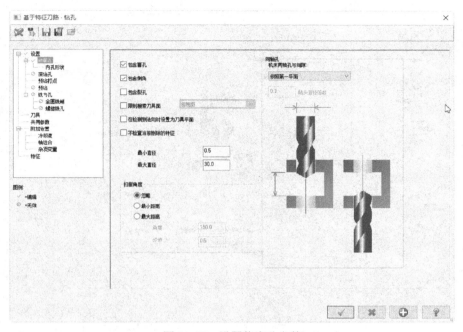

图 10-28　设置侦查孔参数

（5）选择"深钻孔"类别选项，在该类别选项页中设置图 10-29 所示的深钻孔选项及参数。

图 10-29　设置深钻孔参数

（6）选择"预钻打点"类别选项，接着在该类别选项页中设置图 10-30 所示的预钻打点参数。

图 10-30　设置预钻打点参数

（7）选择"刀具"类别选项，接着在"刀具"类别选项页中设置图 10-31 所示的选项及参数。

图 10-31　设置刀具

（8）选择"共同参数"类别选项，接着在"共同参数"类别选项页中设置图 10-32 所示的参数。

图 10-32 设置共同参数

（9）可以根据情况设置其他类别参数，满足设计要求后单击 ✓ （确定）按钮。

（10）系统弹出"输入新 NC 名称"对话框，输入"FBM 钻孔"，如图 10-33 所示，然后单击 ✓ （确定）按钮。

图 10-33 "输入新 NC 名称"对话框

系统产生的 FBM 钻孔刀具路径如图 10-34 所示。

5. 实体切削加工模拟

（1）在刀路管理器的工具栏中单击 ➤ （选择全部操作）按钮，如图 10-35 所示。

图 10-34　FBM 钻孔刀具路径　　　　　　　图 10-35　选中所有的加工操作

（2）在刀路管理器的工具栏中单击 （验证已选择的操作）按钮，弹出"Mastercam 模拟"窗口，在功能区的"主页"选项卡中设置图 10-36 所示的相关选项。

图 10-36　"Mastercam 模拟"窗口

（3）在"Mastercam 模拟"窗口中单击 ▶（播放）按钮，系统开始加工模拟验证，最后的模拟验证结果如图 10-37 所示。

图 10-37   验证结果

（4）在"Mastercam 模拟"窗口中单击 ✕（关闭）按钮。

10.3   FBM 加工综合范例

本节介绍一个 FBM 加工综合范例，该范例应用了 FBM 铣削和 FBM 钻孔。本 FBM 加工综合范例的示意过程如图 10-38 所示。

a)   工件毛坯   b) FBM 铣削效果   c) FBM 钻孔效果

图 10-38   FBM 加工综合范例加工过程示意

本范例所使用的素材文件为"FBM 加工综合范例.MCX"，该文件位于随书光盘的 CH10 文件夹中。打开该素材文件，如图 10-39 所示，最大孔的直径为 25。

图 10-39   已设计好三维实体模型

10.3.1 选择机床加工系统

在菜单栏中选择"机床类型"|"铣床"|"默认"命令。

10.3.2 设置工件毛坯

（1）在操作管理的"刀路管理器"选项卡中，展开当前机床群组"属性"标识。

（2）单击当前机床群组"属性"标识下的"毛坯设置"标识，打开"机床群组属性"对话框。

（3）在"机床群组属性"对话框的"毛坯设置"选项卡中，从"形状"选项组中选择"圆柱体"单选按钮，并选择"Z"单选按钮，然后单击"所有实体"按钮，接着修改圆柱体高度为21，如图10-40所示。

图 10-40 材料设置

（4）单击"机床群组属性"对话框中的 ✓ （确定）按钮，完成工件毛坯的设置。

10.3.3 生成 FBM 铣削刀具路径

（1）在菜单栏中选择"刀路"|"基于特征铣削"命令。

（2）系统弹出"基于特征刀路-铣床"对话框。选择"设置"类别选项，在该类别选项页中设置图 10-41 所示的参数。

图 10-41　设置基于特征铣削的相关参数

（3）选择"侦查特征"类别选项，接着在该类别选项页中设置图 10-42 所示的侦查特征参数。

图 10-42　设置侦查特征参数

（4）接着根据设计要求继续设置面铣刀具、粗铣刀具、残料清角刀具、精修刀具、面铣、粗切、残料加工、底面精修、壁边精修和共同参数等。其中粗切的壁边预留量为 0.5，底面预留量为 0.2；残料加工的壁边预留量为 0.5，底面预留量为 0.2；启动底面精修，其壁边预留量和底面预留量均为 0；启用壁边精修，相应的预留量为 0。

（5）在"基于特征刀路-铣床"对话框中单击 [✓] （确定）按钮。

（6）系统弹出图 10-43 所示的"输入新 NC 名称"对话框，在该对话框的 文本框中输入"FBM 加工综合范例"，然后单击 [✓] （确定）按钮。

系统经过检测并生成的 FBM 铣削刀具路径如图 10-44 所示（此刀路仅供参考，因为相关参数设置都会影响到刀路的生成）。

图 10-43 "输入新 NC 名称"对话框   图 10-44 FBM 铣削刀具路径

10.3.4 生成 FBM 钻孔刀具路径

（1）在菜单栏中选择"刀路"|"基于特征钻孔"命令。

（2）系统弹出"基于特征刀路-钻孔"对话框。选择"设置"类别选项，在该类别选项页中设置图 10-45 所示的参数。

图 10-45 在"参数设置"类别选项页上设置参数

（3）选择"侦查孔"类别选项，在该类别选项卡中设置图 10-46 所示的侦查孔参数。

图 10-46　设置侦查孔参数

（4）选择"预钻打点"类别选项，在该类别选项页中设置图 10-47 所示的预钻打点参数。

图 10-47　设置预钻打点参数

（5）选择"刀具"类别选项，接着在"刀具"类别选项页中设置图 10-48 所示的相关选项及其参数。

图 10-48　设置钻孔刀具的相关选项及参数

（6）选择"共同参数"类别选项，接着在该类别选项页中设置图 10-49 所示的钻孔共同参数，包括安全高度、退出点、攻牙进退刀调整和刀尖补偿等。

图 10-49　设置钻孔共同参数

（7）其他相关参数可以由读者根据情况自行设定。单击 ☑ （确定）按钮，系统产生
FBM 钻孔刀具路径，如图 10-50 所示（图中已经将之前的铣削刀具路径隐藏）。

图 10-50　FBM 钻孔刀具路径

10.3.5　加工模拟验证

（1）在刀路管理器的工具栏中单击 📍 （选择全部操作）按钮。

（2）在刀路管理器的工具栏中单击 📋 （验证已选择的操作）按钮，弹出"Mastercam 模
拟"窗口，设置相关的验证选项。

（3）在"Mastercam 模拟"窗口中单击 ▶ （播放）按钮，系统开始加工模拟验证，最后
的模拟验证结果如图 10-51 所示。

图 10-51　验证结果

（4）关闭"Mastercam 模拟"窗口。